Les indicateurs de performance

Les indicateurs de performance

Estelle M. Morin, Ph. D.
Michel Guindon, FCGA, MBA, Ph. D.
Émilio Boulianne, CGA, MBA

**ORDRE DES
COMPTABLES GÉNÉRAUX LICENCIÉS
DU QUÉBEC**

445 St-Laurent, bureau 450, Montréal Qc H2Y 2Y7
Téléphone : (514) 861-1823 • Télécopieur : (514) 861-7661
1 800 463-0163

GUÉRIN Montréal
Toronto

4501, rue Drolet
Montréal (Québec) H2T 2G2 Canada
Tél.: (514) 842-3481
Téléc.: (514) 842-4923

Dépôt légal

ISBN 2-7601-4302-3

Bibliothèque nationale du Québec, 1996
Bibliothèque nationale du Canada, 1996
IMPRIMÉ AU CANADA

Révision linguistique: Francine Loiselle

Introduction

L'évaluation de la performance à l'aide d'indicateurs appropriés est un exercice crucial afin d'assurer le succès des organisations quels que soient leurs secteurs d'activités. Pourtant, malgré les transformations que subissent aujourd'hui les organisations, beaucoup d'entre elles continuent d'évaluer leur performance à l'aide d'indicateurs conçus pour répondre aux besoins passés. À l'aube du xxie siècle, les entreprises doivent composer avec des environnements radicalement différents de ceux d'autrefois. Comme leurs clients sont de plus en plus exigeants, ils nourrissent de plus grandes attentes. La concurrence est sans cesse plus forte et s'étend à l'échelle mondiale. Enfin, les changements technologiques, sociaux, réglementaires et beaucoup d'autres vont, dans bien des cas, s'accélérant. Dans le cadre des activités de l'Ordre des Comptables généraux licenciés du Québec, on a entrepris de déterminer les indicateurs de performance appropriés à notre époque et surtout, de définir les modes opératoires pour les mesurer dans le but d'évaluer la performance de l'entreprise.

Le but de ce manuel de procédures est de présenter les indicateurs de performance appropriés et d'expliquer les procédures visant à les mesurer afin de déterminer le niveau de la performance d'une organisation. Le mandat de l'équipe de recherche était de développer une méthode de mesure de la performance organisationnelle qui puisse être appliquée à tous les types d'organisation, qu'elles soient du secteur public ou privé, manufacturier, industriel, commercial ou de service, très petite, petite, moyenne ou grande. Le défi est de taille!

Lorsqu'on veut développer une méthode de mesure de la performance organisationnelle, sept règles généralement reconnues doivent être respectées[1]. Les règles qui suivent ont constamment guidé la recherche et les décisions prises par les chercheurs. Il est important que le lecteur en prenne connaissance et les garde en mémoire pour mieux comprendre l'esprit et la portée de la méthode de mesure qui est présentée dans ce manuel de procédures.

Pour mesurer la performance organisationnelle, il faut choisir des critères observables, mesurables ou définis de manière opératoire. Par exemple, la flexibilité d'une organisation est sans doute un critère de performance, mais sa mesure demeure encore difficile à définir; par contre, la rentabilité financière est un critère qui est bien défini et qui fait un large consensus parmi les experts en évaluation.

Les critères choisis doivent être capables de discriminer entre différents écarts de performance. En d'autres mots, mesurer un critère qui donne toujours le même résultat, période après période, ne nous donne aucune information sur l'amélioration ou la détérioration de la performance de l'entreprise.

Il faut aussi s'assurer de la fidélité et de la validité des mesures. La recherche sur la performance des organisations remonte au début des sciences administratives. Plusieurs critères ont été définis et expérimentés pour évaluer la performance organisationnelle et certains ont des coefficients de fidélité et de validité acceptables. En conséquence, une attention particulière a été portée sur les qualités métriques des indicateurs de performance qui ont été déterminés au cours de cette recherche. L'explication des notions de fidélité et de validité dans ce manuel nous éloignerait cependant de notre propos[2] : celui d'expliquer les procédures pour mesurer les indicateurs de performance.

Il faut utiliser un minimum de critères pouvant représenter le mieux possible les dimensions de l'efficacité : c'est le principe de parcimonie. La méthode doit être économique pour stimuler l'intérêt et encourager son application. Notre préoccupation est d'élaborer une méthode qui soit facile à utiliser, d'un coût d'utilisation raisonnable et qui suscite la collaboration des informateurs.

Il faut mesurer des composantes de la performance organisationnelle. En conséquence, il faut pouvoir différencier les critères qui représentent des facteurs qui déterminent la performance (par exemple, ressources et processus) de ceux qui représentent les dimensions de la performance (par exemple, des résultats, des produits ou des effets de l'organisation).

La performance de l'organisation peut se mesurer à différents niveaux, les plus fréquents étant le niveau individuel (des mesures d'employés), le niveau groupal (des mesures de services), le niveau organisationnel (des mesures de l'entreprise) et le niveau environnemental (des mesures sectorielles, par exemple). La méthode de mesure présentée dans ce manuel est destinée à l'usage de l'expert-comptable et de la direction générale de l'entreprise. En conséquence, un effort a été fait pour retenir les indicateurs de performance au niveau organisationnel, car c'est l'information concernant la performance de l'entreprise qui est la plus utile pour les décideurs.

Il faut respecter en tout temps la déontologie de la recherche et les règles de l'art de la mesure.

Pour progresser, il ne suffit pas de vouloir agir,
il faut d'abord savoir dans quel sens agir.
Gustave LeBon (1841-1931)

1. LA RAISON D'ÊTRE DE L'ORGANISATION

Au Canada, on a tendance à concevoir l'organisation comme une entité relativement complexe, formée de plusieurs fonctions administratives dont l'administration et les finances, les ressources humaines, les achats, les opérations et les ventes. Chaque fonction est accomplie par des personnes en relations d'interdépendance. La coordination du travail de chacune implique l'existence d'une structure d'autorité; les personnes en position d'autorité ont comme rôles principaux de diriger les efforts de leurs subalternes vers les objectifs organisationnels et de soutenir leurs contributions.

Une organisation, c'est aussi un système que les gestionnaires et les employés tentent de maintenir en équilibre, à travers les étapes successives de son évolution dans le temps. L'intégration et l'harmonie des différentes parties qui la composent sont déterminantes de la pérennité et du succès de l'organisation. L'organisation idéale est donc caractérisée par le consensus, par l'intégration des buts individuels et des buts organisationnels.

La raison d'être de l'organisation est ce qui permet cette intégration et cette harmonie des parties du système, qu'ils s'agissent des fonctions administratives, des gestionnaires, des employés, des groupes d'intérêts, bref de tout ce qui la compose. Les objectifs organisationnels devraient découler logiquement de cette raison d'être, normalement déjà formulée par l'entreprise.

L'organisation est structurée en fonction des objectifs établis par son conseil d'administration ou la direction générale : tous ses composants sont agencés et utilisés afin de les atteindre. L'organisation a donc une certaine rationalité, c'est-à-dire une structure et des processus déterminés par ses buts.

Malgré les difficultés inhérentes à l'identification des objectifs réels d'une organisation, ceux-ci ont deux caractères importants. D'une part, les buts sont des guides pour les décisions et les activités des personnes dans l'organisation. Les buts sont des résultats, des produits ou des effets que des individus ont déterminés ensemble et qu'ils acceptent : ils sont censés être communs et partagés par l'ensemble des membres. D'autre part, ils sont considérés comme le fondement de la légitimité de l'organisation, celle-ci assumant aussi une fonction dans le système social auquel elle appartient. Parce qu'ils orientent les activités organisationnelles et parce qu'ils les rendent légitimes, les buts servent de critères et d'instruments de mesure de la performance organisationnelle.

Bennis (1966) propose une typologie des organisations en fonction des objectifs qu'elles veulent atteindre et du genre de tâches qu'elles doivent accomplir. Ainsi, dans une organisation où la production implique des opérations mécaniques et routinières, comme les entreprises manufacturières, l'efficacité sera jugée par rapport au nombre de produits fabriqués. Dans une organisation où la production relève de la résolution de problèmes, tels que les services de recherche, conseil ou de génie, l'efficacité sera jugée d'après le nombre de solutions ou d'innovations. Dans une organisation où il s'agit de former des gens, soit par la thérapie ou par l'éducation, comme les hôpitaux et les écoles, l'efficacité est exprimée par le nombre de «clients» sortants. Dans les organisations de service, comme le gouvernement, les compagnies de taxi et les cabinets de professionnels, l'efficacité est évaluée à l'aide de la quantité et de la qualité des services rendus. Il existe donc plusieurs façons de mesurer la performance d'une organisation; le type d'organisation et son secteur d'activités déterminent la nature des objectifs organisationnels et par conséquent, le type d'indicateurs de performance.

2.   LES NOTIONS DE PERFORMANCE

Imaginons ceci. Vous êtes victime d'un accident. Votre vie est en danger. Vous êtes conduit à l'urgence du plus proche hôpital. Des décisions et gestes du médecin dépend votre survie. La température de votre corps est un indicateur important de votre état. Cependant, si le médecin se contentait de mesurer votre température à différents endroits de votre corps pour ensuite dresser un tableau indiquant son évolution, il n'aurait pas assez d'informations sur votre condition. Différentes données sont nécessaires : pression artérielle, réflexes, fonctionnement cérébral, etc. De la même façon, on ne peut évaluer la condition d'une entreprise par le seul examen de sa dimension financière[3]. Pourtant, on évalue souvent la performance organisationnelle à partir de cette seule dimension.

En effet, ce qui attire spécialement l'attention dans les modèles de performance organisationnelle proposés dans les livres de management, est l'importance qu'on accorde aux critères de la théorie économique classique. Certes, il faut que les gestionnaires jugent importants, pour la pérennité de l'organisation, des critères comme l'efficience économique, la productivité ou la compétitivité. Pour des raisons qui relèvent du sens commun, ces différents critères sont tous nécessaires, mais ils ne sont pas suffisants en eux-mêmes.

. . . **Introduction**   5

Il est fort significatif de noter qu'un grand nombre de préoccupations et de valeurs promulguées dans les sociétés occidentales, depuis la fin de la Deuxième Guerre mondiale, ne sont pas souvent prises en compte dans l'évaluation de la performance des organisations. En fait, les modèles de la performance présentés dans la littérature sont tout à fait similaires à ceux qu'on trouvait au début du siècle! Par exemple, notons l'absence de critères associés au multiculturalisme, à l'intégration des minorités, à l'éthique des affaires ou de l'industrie, à la pollution et aux problèmes écologiques, etc. Les résultats de l'étude de Morin (1989) faite sur le terrain, auprès des experts en évaluation de la performance organisationnelle, coïncident avec les conceptions que présentent plusieurs auteurs classiques dans la littérature en management[4]. Ces résultats peuvent être vus comme un signe positif de la stabilité des représentations de la performance organisationnelle à travers le temps. Mais ils peuvent aussi dénoter une ossification de ce concept durant les huit dernières décennies.

C'est dire que les faits et les grands mouvements sociaux qui ont marqué le XXe siècle, comme l'émancipation de la femme, la reconnaissance des droits et des libertés de l'être humain, le développement de la conscience écologique, le multiculturalisme, le développement des mesures de santé et de sécurité, etc., ne semblent pas encore avoir modifié les conceptions de l'organisation chez les gestionnaires. Ces événements majeurs dans l'histoire contemporaine ne semblent pas non plus avoir marqué les pratiques d'amélioration de la performance organisationnelle et ce, en dépit des efforts d'«humanisation» des organisations (par exemple, les programmes d'aide aux employés, les programmes d'action positive et d'égalité des chances de l'emploi, etc.).

Cette rupture entre la réalité socioculturelle et la réalité administrative peut expliquer en partie les difficultés qu'ont les gestionnaires à mobiliser les employés et les problèmes qu'ont des individus à trouver du sens dans leur travail. L'emprise actuelle de l'organisation sur les valeurs de la société en général[5] de même que la rigidité de la notion de la performance organisationnelle dans les systèmes de représentations des gestionnaires sont deux phénomènes qui renforcent l'orthodoxie dans les systèmes administratifs et stimulent l'engouement pour des modes managériales comme celles de la «qualité totale» ou la «recherche de l'excellence» ou «la réingénerie des processus d'affaires»[6].

Le fait que les gestionnaires ne portent pas d'attention à d'autres dimensions de la performance ne veut pas dire cependant que ces dimensions ne sont pas importantes. Cela veut dire que leur attention n'est pas dirigée vers de telles dimensions; en raison de la sélectivité des mécanismes perceptifs, on ne cherche de l'information que sur des idées qui nous préoccupent ou qu'on valorise. Par conséquent, il est nécessaire de se rappeler que le choix des indicateurs de la performance organisationnelle repose essentiellement sur des représentations sociales de ce qu'est une organisation performante[7].

La performance est un construit, défini de différentes façons, selon les valeurs, la formation, le statut et l'expérience des évaluateurs[8]. La performance peut être approchée à l'aide de divers indicateurs dont l'interprétation peut différer selon le preneur de décisions, ses objectifs, son temps, sa sensibilité au risque et sa situation hors ou dans l'organisation.

Dans la documentation sur la performance, on trouve plusieurs notions qui apparaissent synonymes telles que l'efficacité, le rendement, la productivité, l'économie et l'efficience. D'autres termes lui sont aussi associés tels que santé, réussite, succès et excellence. Dans notre recherche, les termes «performance» et «efficacité» sont interchangeables.

Si les écrits abondent dans ce domaine de recherche et d'intervention, il n'y a pas de consensus ni sur la définition du concept, ni sur la façon de l'évaluer. Cette situation serait causée par le manque de connaissance sur les fondements mêmes des organisations modernes, étant donné leur complexité dont notamment la multitude des acteurs en interactions[9].

De plus, la performance est un concept qui intéresse plusieurs disciplines, à commencer par l'économique, les sciences comptables, les systèmes d'information, le management, la gestion des opérations et de la production ainsi que les sciences du comportement. Cette variété de langages entraîne souvent un manque de compréhension interdisciplinaire, ce qui a pour conséquence qu'une discipline peut difficilement être enrichie par les découvertes des autres. Résultat, chacune demeure confinée dans son domaine, élaborant diverses techniques de mesure, de plus en plus complexes, mais qui ne peuvent rendre compte que d'une partie de la performance des organisations.

La performance est une exigence pour la pérennité de l'organisation, inévitablement liée aux valeurs des personnes et des groupes d'intérêts qui la mesurent. Par voie de conséquence, ce concept ne peut pas avoir de signification en soi, il ne peut en avoir que pour ceux et celles qui y réfèrent dans leurs rapports avec les organisations. Il ne faudra pas s'étonner alors de trouver, dans la documentation tout comme dans le discours des gens, une multitude de significations attribuées à ce concept. Il est temps de s'offrir une grille d'analyse et de mesure complète de la performance organisationnelle qui puisse dépasser les barrières disciplinaires et fonctionnelles et surmonter les obstacles posés par les préférences personnelles.

3. LA MESURE DE LA PERFORMANCE

Tout modèle de mesure comporte trois niveaux d'abstraction : 1. les dimensions du concept à mesurer, 2. les critères qui définissent les dimensions et 3. les indicateurs qui servent à mesurer ou à apprécier les critères.

3.1 LES DIMENSIONS

Morin, Savoie et Beaudin (1994) ont identifié **quatre dimensions de la performance** organisationnelle qui sont définies par des critères et qui se mesurent à l'aide d'indicateurs de performance. Ces dimensions sont les suivantes : la pérennité de l'organisation, l'efficience économique, la valeur des ressources humaines et la légitimité de l'organisation auprès des groupes externes. Le tableau 1 montre ces quatre dimensions et donne des exemples d'indicateurs pour chaque critère qui les définit. C'est ce modèle qui constitue le fondement de nos activités de recherche sur les indicateurs de performance.

Dans la gestion d'une organisation, on fait le postulat que les activités de l'organisation sont permanentes, continues dans le temps, de telle sorte qu'il est possible pour les experts-comptables de respecter le principe de permanence dans la préparation des états financiers de l'organisation. Ce postulat repose sur l'idée de **la pérennité de l'organisation**, qui est la première dimension de la performance et qui représente le caractère permanent, perpétuel, de l'entreprise.

L'efficience économique, c'est-à-dire le rapport entre les extrants et les intrants, est aussi une dimension importante de la performance organisationnelle. Il s'agit de la création de la valeur ajoutée, qui est sans conteste une valeur fondamentale pour le développement de l'organisation.

Une entreprise, c'est avant tout l'organisation des activités et des relations entre des personnes qui apportent, chacune selon ses moyens, des contributions à la performance de l'organisation. En raison de sa dimension humaine, la performance de l'organisation est entre autres évaluée par **la valeur des ressources humaines** qu'elle engage.

Enfin, une organisation est un système ouvert, en constante interaction avec les autres, petits et grands, simples et complexes, qui forment son environnement. Son fonctionnement dépend de la qualité de ses interactions avec les bailleurs de fonds, les consommateurs, les gouvernements, la communauté, etc., car la satisfaction des intérêts de ces différents groupes préside à l'équilibre de l'organisation et par conséquent, à sa permanence. Il faut donc que l'évaluation de la performance tienne compte de la satisfaction des groupes externes, car ce sont eux qui confèrent à l'organisation sa légitimité, c'est-à-dire la reconnaissance du droit de continuer d'exploiter des ressources, et donc assurer son avenir[10]. La notion de la performance organisationnelle comprend donc la dimension **«légitimité de l'organisation auprès des groupes externes»**, c'est-à-dire la reconnaissance de l'organisation par les groupes externes.

Lorsqu'on veut mesurer la performance d'une organisation, il faut d'abord déterminer les **dimensions** qui sont nécessaires pour la décrire. En d'autres termes, il faut choisir un nombre minimal de composantes principales, suffisantes pour rendre compte, le mieux possible, de la performance organisationnelle[11]. Bien que ce sujet de recherche demeure encore fort controversé, l'urgence de sa mesure dans la pratique justifie la recherche d'un compromis entre d'une part, la véracité et l'objectivité d'un modèle théorique et d'autre part, la fragmentation et la commodité d'un outil valable.

3.2 LES CRITÈRES

Les dimensions de la performance sont définies à l'aide de **critères**, c'est-à-dire des conditions ou des signes qui servent de base au jugement. C'est ici que les règles de base de la mesure s'appliquent spécialement. Même si elles ont déjà été présentées dans l'introduction à ce manuel, il convient de les rappeler, car elles sont très importantes.

Les critères doivent être des caractéristiques concrètes et observables de l'organisation. Ils doivent pouvoir aussi offrir suffisamment de variance pour permettre de discriminer différents degrés de performance. Il faut aussi respecter la règle de parcimonie dans le choix de critères : l'idée ici n'est pas de chercher un modèle exhaustif de tous les aspects d'une organisation, mais de choisir un nombre minimal de critères, suffisants pour rendre compte d'une façon satisfaisante, de la performance d'une organisation. Il faut également rechercher des critères qui soient facilement mesurables et peu coûteux à mesurer, tout en demeurant fidèles et valides.

3.3 LES INDICATEURS

Les critères nous informent sur ce qu'il faut savoir à propos de la performance organisationnelle, mais leur niveau d'abstraction est tel qu'il faut encore déterminer les indicateurs qui les représentent. Un **indicateur de performance** est défini par un ensemble d'opérations portant sur des données concrètes, tangibles ou intangibles, qui produit une information pertinente sur un critère. Notre recherche sur les indicateurs de performance a consisté, entre autres, à déterminer ces opérations. Par exemple, l'engagement est un indicateur de la mobilisation des employés; pour mesurer l'engagement, nous devons collecter, par des questionnaires, des données concrètes concernant les attitudes des employés à l'égard de l'organisation. Leurs opinions sont des données concrètes mais intangibles. Un autre exemple. Le taux de rotation des stocks est un indicateur de l'économie des ressources composé de deux données concrètes et tangibles : le coût des marchandises vendues et le stock moyen, données disponibles dans les états financiers.

Comme on peut aisément le constater, la définition des indicateurs de performance s'accompagne presqu'inévitablement de la détermination de l'instrument ou de la procédure de collecte de l'information. C'est en fait l'existence d'un moyen de collecter l'information sur un indicateur de performance qui détermine le caractère opératoire, mesurable, de l'indicateur.

Par ailleurs, il convient de se rappeler la nature de la mesure de la performance organisationnelle. Lorsqu'il s'agit de mesurer un phénomène physique, des mesures relativement fiables et reconnues sont disponibles; par exemple, pour mesurer le poids d'un objet, il existe des balances qui donnent des indications précises selon une échelle de grammes ou de livres. Mais lorsqu'on passe de la réalité physique à la réalité sociale, les méthodes de vérification changent radicalement : il n'existe pas de critères objectifs, c'est-à-dire neutres ou impartiaux, pour garantir la véracité des mesures, d'où la nécessité de confronter plusieurs points de vue en employant plusieurs méthodes de mesure. C'est le cas de la performance organisationnelle : il s'agit d'un construit social. De plus, il n'y a pas dans ce domaine de consensus, ni sur la définition de la performance, ni sur sa mesure et ce, en dépit des apparences d'objectivité et de certitude que donnent certaines mesures de la performance.

Afin de réduire l'incertitude qui existe dans le domaine de la performance, il est nécessaire d'élaborer une méthodologie qui permette de collecter et de mesurer des données provenant de diverses sources, à l'aide de différentes mesures[12]. La concordance entre des résultats issus de sources multiples reflète la valeur de l'information recueillie, c'est-à-dire la validité de l'information. Un critère devrait être mesuré par au moins deux indicateurs, à moins qu'un indicateur se révèle comme étant à lui seul suffisant[13] pour décrire un critère[14].

Le tableau 1 présenté ci-après récapitule les quatre dimensions, les treize critères et quelques exemples d'indicateurs de performance que nous avons déterminés dans notre recherche.

TABLEAU 1. DIMENSIONS, CRITÈRES ET EXEMPLES D'INDICATEURS DE PERFORMANCE (ADAPTÉ DU MODÈLE DE MORIN, SAVOIE ET BEAUDIN, 1994, P. 82)

PÉRENNITÉ DE L'ORGANISATION	EFFICIENCE ÉCONOMIQUE
Qualité du produit (degré auquel le produit/le service correspond aux normes des tests de qualité et aux exigences de la clientèle; ce critère peut être mesuré par des indicateurs comme le nombre de retours et le nombre d'innovations acceptées par le marché).	**Économie des ressources** (degré auquel l'organisation réduit la quantité des ressources utilisées tout en assurant le bon fonctionnement du système; ce critère peut être mesuré par des indicateurs comme le taux de rotation des stocks et le pourcentage de réduction des erreurs).
Rentabilité financière (capacité d'une organisation de produire un bénéfice; ce critère peut être mesuré à l'aide des indicateurs comme le rendement sur le capital investi et la marge de bénéfice net).	**Productivité** (quantité ou qualité des biens et services produits par l'organisation par rapport à la quantité de ressources utilisées pour leur production durant une période donnée; ce critère peut être mesuré par des indicateurs comme la comparaison des coûts avec ceux des années passées).
Compétitivité (degré auquel l'entreprise conserve et conquiert des marchés; ce critère peut être mesuré par des indicateurs comme le revenu par secteur et le niveau d'exportation).	

VALEURS DES RESSOURCES HUMAINES	LÉGITIMITÉ DE L'ORGANISATION AUPRÈS DES GROUPES EXTERNES
Mobilisation des employés (degré d'intérêt manifesté par les employés pour leur travail et pour l'organisation ainsi que l'effort fourni pour atteindre les objectifs; ce critère peut être mesuré à l'aide d'indicateurs comme : le degré d'engagement).	**Satisfaction des bailleurs de fonds** (degré auquel les bailleurs de fonds estiment que leurs fonds sont utilisés de façon rentable; ce critère peut être mesuré par le bénéfice par action).
Climat de travail (degré auquel l'expérience du travail est évaluée positivement par les employés; ce critère peut être mesuré par des échelles de satisfaction et des indicateurs tels que le taux de griefs, de maladies ou d'accidents).	**Satisfaction de la clientèle** (jugement que porte le client sur la façon dont l'organisation a su répondre à ses besoins; ce critère peut être mesuré par des indicateurs comme la qualité du service à la clientèle).
Rendement des employés (valeur économique des services rendus par les employés; ce critère peut être mesuré par des données de contrôle de la qualité).	**Satisfaction des organismes régulateurs** (degré auquel l'organisation respecte les lois et les règlements qui régissent ses activités; ce critère peut être mesuré par des indicateurs comme le nombre d'infractions aux lois et aux règlements établis).
Développement des employés (degré auquel les compétences s'accroissent chez les membres de l'organisation; ce critère peut être mesuré par des indicateurs comme l'augmentation des responsabilités effectives des employés).	**Satisfaction de la communauté** (appréciation que fait la communauté élargie des activités et des effets de l'organisation; ce critère peut être mesuré par des indicateurs comme le nombre de plaintes des citoyens, les accidents ou les crises environnementales et le nombre d'emplois créés dans la communauté).

Pour en arriver au modèle présenté au tableau 1, Morin (1989) a d'abord fait la recension des écrits sur le sujet, puis elle a construit un modèle qui rend compte de l'état de la connaissance sur la performance organisationnelle. Pour tester ce modèle, elle a sollicité la participation à un Delphi[15] de 18 experts en évaluation de la performance des organisations. Le modèle théorique a été confirmé par cette étude empirique.

3.4 La structure des dimensions de la performance

Les dimensions de la performance organisationnelle sont organisées selon une structure qui peut être comprise à travers l'analyse des intérêts des différents groupes qui constituent l'organisation, en particulier les bailleurs de fonds (actionnaires et créanciers), les employés (incluant les gestionnaires) et les clients. D'après les résultats de la recherche sur la performance organisationnelle, les intérêts des propriétaires-actionnaires prédominent sur ceux des employés, la satisfaction de ceux-ci étant utile à l'atteinte des objectifs de ceux-là. Les intérêts de la clientèle sont quasi aussi importants que ceux des propriétaires-actionnaires, non seulement parce que leur loyauté sert de caution pour les activités de l'organisation, mais aussi parce qu'elle a une influence sur sa part de marché et sa rentabilité. Il existerait donc une hiérarchie entre les dimensions de la performance organisationnelle, indiquant un ordre d'importance entre les indicateurs de performance[16].

D'après les données de la recherche, les indicateurs concernant la productivité, la rentabilité et la qualité, et satisfaisant les intérêts des actionnaires et ceux de la clientèle sont au centre des préoccupations des gestionnaires, ces résultats étant critiques pour la stabilité et la croissance de l'organisation dans son environnement. Les indicateurs sociaux ayant trait au rendement et à la fidélité des employés (qui se reflète par le taux de rotation des employés) constituent également des préoccupations importantes pour les gestionnaires; en dernier lieu, les indicateurs relatifs à la mobilisation des employés, leur développement et leur moral constituent des états désirables. En d'autres termes, la performance d'une organisation semble être avant tout une affaire de maximisation des résultats et de minimisation des coûts. La satisfaction des employés tout comme celle des clients apparaissent comme des moyens ou des contraintes à respecter pour atteindre les objectifs de l'organisation.

La centralité de la réussite économique est évidente dans cette structure et elle se reconnaît aisément dans les représentations que se font les experts de la performance organisationnelle. La primauté de la réussite économique a pour effet direct de valoriser les contributions aux résultats financiers de l'organisation. Par contre, l'importance de la valeur économique est telle qu'elle engourdit voire fait perdre l'intérêt pour des valeurs sociales, morales, spirituelles ou écologiques dans la pratique de l'administration des organisations. La surévaluation de la réussite économique, de la croissance des organisations et de la compétition entraîne une altération de la notion de l'efficacité, en la restreignant à l'atteinte de résultats, en même temps qu'elle dénature l'expérience du travail, entraînant des déséquilibres de toutes sortes dans la vie professionnelle et la vie privée des personnes qui travaillent en plus des conséquences fâcheuses voire désastreuses sur l'éthique des affaires, la moralité et l'écologie[17]. Pour prévenir de telles conséquences à l'avenir, il faut faire un retour à l'origine de la notion d'efficacité, la redécouvrir, impliquant par le fait même son élargissement.

Comme cela a été présenté au début de ce manuel, la notion de performance organisationnelle doit être élargie pour refléter d'autres valeurs en plus des valeurs économiques. Cela signifie, par exemple, qu'on évalue désormais les organisations non seulement sur des résultats économiques, mais aussi sur des résultats sociaux, moraux et écologiques, tels que ceux qui sont rapportés au tableau 1. Bien plus que de simples actions pour se donner bonne conscience, il faut que ces changements dans le mode d'évaluation des organisations correspondent à une volonté authentique, chez les gestionnaires, à rétablir la réciprocité et l'équilibre des échanges entre l'organisation qu'ils représentent et la société en général.

4.   LE PLAN DU MANUEL DE PROCÉDURES

Ce manuel de procédures comporte quatre parties. Dans la première partie, les quatre dimensions de la performance sont décrites. Cette partie permet de répondre à la question : que faut-il mesurer pour déterminer la performance d'une organisation? Dans la deuxième, les indicateurs de performance sont définis de façon opératoire et un exemple est fourni pour illustrer l'application de la méthode pour l'évaluation d'une entreprise. Cette deuxième partie permet de répondre à la question : comment faut-il la mesurer? La troisième partie discute des pièges de la mesure et de l'évaluation de performance. Dans la quatrième partie, des habiletés importantes pour l'efficacité de la méthode d'évaluation sont présentées.

Que faut-il mesurer?

Pour développer les indicateurs de mesure présentés dans ce manuel, pour chaque critère, nous avons suivi un plan de travail en trois étapes. D'abord, nous avons sollicité la participation de trente-deux professeurs(es) en sciences de la gestion dont la majorité sont à l'École des Hautes Études Commerciales de Montréal; d'autres experts dans des organisations comme Hydro-Québec et la Commission de la santé et de la sécurité au travail ont aussi été consultés. Chaque personne a été sollicitée en fonction de son expertise reconnue reliée à l'un des treize critères que nous cherchions à mesurer. Lors de ces rencontres, ces experts nous ont fait part, entre autres, de leur opinion sur ce qu'ils considéraient être les meilleurs indicateurs de mesure pour le critère faisant l'objet de la consultation ainsi que de la façon de les mesurer. De plus, la très forte majorité d'entre eux nous ont remis une liste de références.

La deuxième étape de notre plan de travail a consisté à recenser, parmi ces références, tous les éléments pertinents pour notre recherche. Bien que ces deux premières étapes aient permis de définir des indicateurs et de rassembler des outils pour les mesurer, notre travail demeurait incomplet. En effet, rien ne nous permettait de croire que les indicateurs que nous avions recensés étaient mesurables, mesurés et conservés dans les registres de l'organisation. Nous souhaitions aussi connaître l'opinion des praticiens sur ces indicateurs : selon eux, ces indicateurs étaient-ils importants pour le succès à long terme de l'organisation, étaient-ils disponibles et évaluaient-ils vraiment la performance?

La troisième étape de notre plan de travail a donc permis de vérifier la pertinence et la disponibilité des indicateurs de performance sur le terrain, auprès de cinq entreprises, de différentes tailles et œuvrant dans différents secteurs d'activités. La méthodologie que l'équipe a employée est celle du groupe nominal[18]. La liste des indicateurs de performance a été soumise au jugement des dirigeants des entreprises étudiées[19]. Cette dernière étape a permis d'améliorer encore les indicateurs de mesure, soit en précisant les termes qui les définissent ou en ajoutant à notre liste d'autres indicateurs pertinents.

1. LA PÉRENNITÉ DE L'ORGANISATION

Dans les organisations, on recherche la stabilité et la croissance des activités. Cela semblerait paradoxal si l'on entendait par le mot «stabilité», la fixité. En fait, ce n'est pas le cas. Dans la théorie du système général[20], la stabilité, c'est-à-dire la continuité et l'équilibre des activités, est nécessaire pour engendrer une *plus-value*, laquelle pourra être investie dans les activités pour en assurer la croissance. Pour atteindre ce double objectif, les gestionnaires doivent avoir un souci constant d'assurer la rentabilité financière et la compétitivité de l'organisation d'une part et l'amélioration de la qualité des produits et services d'autre part. Cela est d'autant plus vrai que l'organisation se trouve dans un environnement marqué par la concurrence, la rareté des ressources et l'incertitude.

1.1 LA QUALITÉ DES PRODUITS/DES SERVICES

La qualité des produits et des services offerts se définit comme étant la conformité des produits aux tests de qualité et aux exigences de la clientèle. La qualité constitue une préoccupation majeure des gestionnaires parce qu'elle détermine, en partie, le choix des consommateurs dans un environnement compétitif et, par voie de conséquence, la stabilité et la croissance de l'organisation. La qualité est également révélatrice de la capacité de l'organisation de s'adapter aux exigences nouvelles de l'environnement.

L'amélioration de la qualité des produits et des services afin de les rendre plus conformes aux normes du marché et aux exigences de la clientèle implique des efforts qui peuvent prendre des formes diverses. Par exemple, on peut mettre en œuvre des mécanismes d'information sur la qualité telle que perçue par la clientèle (un service des plaintes des consommateurs, des cartes d'appréciation du produit ou du service envoyées aux clients, etc.) ou par les producteurs eux-mêmes (des réunions de travail pour évaluer et améliorer la qualité de la production et pour soumettre des idées nouvelles). On peut aussi améliorer les méthodes de travail et les procédés de production ou implanter de nouvelles technologies. Dans tous les cas, le souci de la qualité devrait être accompagné d'une volonté ferme et partagée de faire mieux et d'un engagement des gestionnaires à servir d'exemple pour leurs employés.

D'après notre recension et les personnes consultées, la qualité des produits et des services peut être évaluée soit par des tests sur des échantillons de produits, soit par des indicateurs tels que le nombre de plaintes et le nombre de retours.

1.2 LA RENTABILITÉ FINANCIÈRE

Lorsque le moment est venu de mesurer la rentabilité financière d'une organisation, un ratio transcende tous les autres : il s'agit du rendement sur le capital investi. Cependant, on trouve plusieurs façons de calculer ce ratio financier selon la définition accordée au «capital investi». Est-ce l'avoir des actionnaires ordinaires? Doit-on ajouter à cette dernière somme le montant de la dette à long terme? Doit-on plutôt retenir l'actif total comme l'équivalent du capital investi? Toutes ces questions peuvent être valables selon l'objectif visé par les gestionnaires. Selon la littérature[21] et les experts consultés, la formule la plus acceptable pour calculer le rendement sur le capital investi selon une perspective globale de performance organisationnelle est celle-ci :

$$\frac{\text{Bénéfice net} + \text{les impôts} + \text{les intérêts}}{\text{Actif total}} \times 100$$

Ce ratio mesure la performance avec laquelle l'organisation utilise le capital mis à sa disposition, il est indépendant de la structure financière et de la fiscalité, car les intérêts sur les capitaux d'emprunt et l'impôt sur le revenu, déduits à l'état des résultats, sont réintroduits au numérateur.

Le taux de rendement de l'avoir des actionnaires (bénéfice net moins dividendes privilégiés, sur avoir des actionnaires) est un autre ratio de rentabilité[22]. Ce ratio mesure la rentabilité de l'organisation du point de vue de ses propriétaires. C'est donc un taux privé qui tient compte des impôts et de la rémunération prioritaire des capitaux d'emprunt et du capital privilégié. Ce ratio tient compte de la structure financière de l'organisation et c'est ce que nous voulons éviter, car les comparaisons entre les organisations deviennent non pertinentes. Le taux de rendement de l'avoir des actionnaires ne sera donc pas retenu comme indicateur.

À titre de support à l'utilisation de ratios financiers, Dawson, Neupert et Stickney (1980) ont pour leur part fait une étude à savoir si les différentes méthodes comptables utilisées par les organisations dans leurs états financiers occasionnaient une différence significative suffisante pour justifier le temps et les efforts requis pour faire les redressements appropriés. Leurs conclusions dans le cas du ratio du rendement sur le capital investi (R.C.I.) sont que les effets correctifs sont très faibles étant donné que le numérateur et le dénominateur sont affectés dans un même ordre. D'après ces chercheurs, les différentes méthodes comptables utilisées par les organisations n'affectent pas leur comparabilité relativement au R.C.I. En conséquence, il n'est pas utile d'effectuer des redressements dans le calcul de l'actif total pour tenir compte des différences dans l'application des principes comptables généralement reconnus.

Plusieurs faiblesses ont été notées concernant l'utilisation du R.C.I. en tant qu'indicateur de performance : des décisions peuvent être prises dans un horizon à court terme au détriment d'une rentabilité à long terme et ceci, dans le but de ne pas affecter négativement ce ratio qui est suivi de très près par les analystes et il ne tient pas compte du coût en capital de l'organisation[23]. En dépit des nombreuses études tentant de démontrer les points forts et les points faibles du R.C.I. pour mesurer la rentabilité financière, ce ratio demeure toutefois celui qui fait le plus le consensus[24].

La marge de bénéfice net (bénéfice *ou perte* net, sur ventes) est aussi considérée comme un ratio de rentabilité[25], mais utiliser de la sorte un coefficient dont le dénominateur n'est pas un capital investi constitue un emploi abusif. Le ratio de la marge de bénéfice net est plutôt un ratio d'exploitation et non de rentabilité.

Cependant, lors de nos rencontres avec les gestionnaires des cinq organisations, il s'est avéré que la marge de bénéfice net était souvent considérée comme un indicateur important de la performance financière, surtout dans les cas où les actifs ne représentent pas la principale ressource de l'organisation. Par exemple, pour un cabinet d'experts-comptables, la principale ressource est le personnel et la valeur de cette ressource n'est pas reflétée au bilan financier de l'organisation.

1.3 La compétitivité

Si la rentabilité financière renvoie à la protection et au développement des ressources financières de l'entreprise, la compétitivité réfère spécifiquement à la protection et au développement des marchés desservis par l'organisation ainsi qu'au maintien et à l'amélioration de la qualité des biens ou des services offerts sur ces marchés. Ce critère donne une indication de la capacité de l'entreprise à s'adapter aux conditions et aux contraintes de son environnement.

Généralement, les chercheurs ont recours à des indicateurs financiers de l'entreprise, comme le R.C.I., qu'ils comparent entre des entreprises en concurrence dans un marché. Mais, d'autres indicateurs peuvent aussi être utiles comme les revenus par secteur d'activité et le niveau d'exportation de l'entreprise.

2. L'EFFICIENCE ÉCONOMIQUE

L'efficience économique de l'organisation est au centre des préoccupations des gestionnaires, car c'est grâce à la valeur ajoutée qu'elle rend possible qu'ils peuvent obtenir et soutenir les contributions nécessaires à l'atteinte des objectifs de stabilité et de croissance. En fait, le bon fonctionnement de l'organisation, en tant que système de coopération, dépend des ressources (humaines, matérielles ou financières) qu'y investissent les individus et les groupes. Or les gestionnaires pourront les mobiliser dans la mesure où ils sauront donner aux participants les occasions de développement et les rétributions qu'ils souhaitent obtenir en échange de leurs investissements. Un tel échange est possible grâce à la valeur ajoutée que permet la coopération et la bonne gestion des activités[26].

Pour augmenter l'efficience de leurs activités, les gestionnaires doivent **économiser les ressources et améliorer la productivité. La dimension économique** de la performance organisationnelle est donc formée de deux critères : 1. l'économie des ressources et 2. la productivité. Ces deux critères correspondent à des résultats recherchés par les personnes consultées.

2.1 L'ÉCONOMIE DES RESSOURCES

Par **l'économie des ressources**, on veut évaluer la capacité des gestionnaires d'acquérir et de conserver les ressources dont ils ont besoin pour atteindre les objectifs de l'organisation. Entre autres, ils doivent chercher constamment des moyens d'améliorer les méthodes de travail ainsi que les procédés de production dans le but de réduire les coûts et les délais tout en augmentant la qualité des produits. Ce critère est défini comme le degré auquel l'organisation réduit la quantité de ressources utilisées tout en assurant le bon fonctionnement du système[27].

D'une part, il est possible de collecter des données concernant la gestion des opérations et de la production telles que le taux de réduction des erreurs et du gaspillage. D'autre part, la documentation en gestion converge unanimement vers l'utilisation de ratios financiers afin de mesurer la dimension «efficience économique»[28].

D'après notre recension et les personnes interrogées, quatre indicateurs servent à mesurer ce critère : le taux de rotation des stocks, le taux de réduction des erreurs, le taux de réduction du gaspillage et le rapport entre les comptes-clients et les ventes journalières. Ce dernier ratio nous renseigne sur l'efficacité du service du recouvrement et sur l'efficacité des politiques de crédit. Il nous permet aussi de connaître la liquidité de l'entreprise, car plus la période de recouvrement est courte, plus la liquidité des comptes clients est grande. En outre, plus le compte est âgé, plus grande est la probabilité de mauvaise créance.

2.2 LA PRODUCTIVITÉ DE L'ORGANISATION

Parmi les critères économiques, la productivité en est un qui a fait couler beaucoup d'encre et soulève encore beaucoup de controverses. On peut dire en simplifiant beaucoup que la rentabilité et la productivité sont des concepts apparentés, le premier mesurant en quelque sorte l'efficience financière de l'entreprise et le second, l'efficience sociotechnique de l'organisation.

Concevoir la productivité d'une organisation en termes de profit ou de rentabilité est donc plausible, mais cette conception n'est plus adéquate dans le contexte économique actuel. En effet, le concept de «profit» ou de «rentabilité» était approprié à une société industrielle, caractérisée par l'abondance des ressources, la production et la consommation de masse. Avec la société postindustrielle, oscillant constamment entre la récession et l'expansion, l'accent est mis non plus sur l'application conservatrice des procédés, mais sur l'amélioration continue des processus, la recherche et l'innovation, non plus sur la consommation de biens ou de services, mais sur le développement de biens durables et écologiques et la prestation de services adaptés aux besoins de la clientèle mais peu coûteux. La production des biens tout comme la prestation des services est maintenant fondée sur la connaissance scientifique; les entreprises sont dorénavant exigeantes envers la main-d'œuvre requérant des services hautement qualifiés. Par conséquent, le concept de «productivité» doit être repensé pour inclure des dimensions associées à l'innovation, la qualité de vie au travail et la protection du patrimoine naturel. De plus, avec l'accroissement du nombre d'entreprises de services, le concept doit être suffisamment souple pour pouvoir être étendu à ce type d'organisation.

Dans le même sens, la productivité ne peut plus être définie seulement en termes quantitatifs, mais elle devrait aussi tenir compte de la qualité de la production, notamment de la durabilité du bien/produit, tout autant qu'elle doit refléter la confiance du consommateur à l'égard de l'organisation, la responsabilité sociale de l'entreprise, la correspondance des biens et des services avec les exigences du marché et la capacité de l'entreprise à produire un bien ou à donner un service fait-sur-mesure.

La productivité de l'organisation est souvent représentée par l'équation extrants/intrants. Il s'agit de la capacité de produire une quantité de produits de qualité avec un minimum de coûts, de temps et de moyens de production. La productivité se mesure par la comparaison entre la quantité (ou le volume produit) et la qualité des biens et des services produits par l'organisation d'une part et la quantité de ressources utilisées pour leur production durant une période donnée, d'autre part. On se sert souvent d'une unité de temps pour faire le calcul de la productivité et on la compare avec celles des années antérieures et avec celles des organisations semblables. La mesure de la productivité cherche aussi à évaluer l'amélioration de la qualité des produits ou des services sans augmenter les coûts de production.

Le contrôle des coûts (économiques et sociaux) qui est inhérent à toute tentative d'amélioration de la productivité, constitue un moyen important pour améliorer l'efficience économique d'une organisation. Le contrôle est une fonction capitale pour le bon fonctionnement des organisations puisqu'il permet de faire les ajustements nécessaires lors du déroulement des activités, soit en corrigeant les écarts afin de conserver l'orientation initiale, soit en remettant en question les objectifs poursuivis ou les façons de faire, s'ils s'avéraient inadéquats. Le contrôle est ce qui permet d'identifier, de comprendre et de résoudre les problèmes, au fur et à mesure qu'ils surgissent. Il sera d'autant plus efficace qu'il pourra être exercé par les individus eux-mêmes. Cela implique que les gestionnaires sont disposés à confier des responsabilités à leurs subalternes, à leur donner des objectifs clairs, stimulant leur engagement et mobilisant leurs talents et leur créativité.

Parmi les indicateurs proposés pour mesurer la productivité, un seul semble faire le consensus : il s'agit du ratio «ventes/actif immobilisé moyen»[29]. Évidemment, le ratio «quantité produite/coût des produits fabriqués» est lui aussi largement reconnu par les chercheurs. Toutefois, il ne peut être utilisé que si un seul produit (ou un petit nombre de produits) est fabriqué. Nous le suggérons tout de même pour ces rares occasions.

3. LA VALEUR DES RESSOURCES HUMAINES

La dimension de la performance organisationnelle «Valeurs des ressources humaines» comprend quatre critères : 1. la mobilisation, 2. le climat de travail, 3. le rendement et 4. le développement des employés.

3.1 LA MOBILISATION DES EMPLOYÉS

La mobilisation des employés se définit par l'intérêt qu'ont les employés pour leur travail et pour l'organisation, et par leur disposition à y investir des efforts pour atteindre les objectifs qui leur sont fixés. Ce critère est souvent mesuré par des questionnaires comme le *Organizational Commitment Questionnaire* de Porter et Smith (1970)[30].

D'après notre recension et les experts consultés, la mobilisation des employés peut aussi être estimée par le taux de rotation des employés et le taux d'absentéisme. Les informations sur ces indicateurs sont généralement conservées dans les registres du service des ressources humaines ou par le management dans les différents services.

3.2 LE CLIMAT DE TRAVAIL

Le climat de travail est un critère fort répandu dans le monde du travail et qui est souvent synonyme de satisfaction des employés ou de moral. En fait, le climat de travail est un phénomène de groupe, impliquant un effort supplémentaire, une communauté d'objectifs et un sentiment d'appartenance[31]. Les groupes ont un certain degré de moral, qui se manifeste dans le climat de travail, alors que les individus ont un certain degré de motivation (et de satisfaction). Par conséquent, le climat de travail est inféré des phénomènes de groupe.

Dans le cadre de la mesure de la performance, ce critère est défini comme le degré auquel l'expérience de travail est évaluée positivement par les employés. Cela réfère en particulier à l'évaluation qu'ils font de la direction, des produits offerts par l'organisation, de la rémunération et des conditions de travail; cette évaluation se reflète dans le climat de travail. Ce critère peut être évalué au moyen d'un questionnaire comme l'*Inventaire de satisfaction au travail* de Larouche (1975)[32].

D'après notre recension et les personnes consultées, les indicateurs suivants servent aussi à évaluer le climat de travail : le taux de rotation des employés, le taux d'absentéisme, le taux de participation aux activités sociales, le taux de maladie, le taux d'accidents et le taux de griefs.

3.3 LE RENDEMENT DES EMPLOYÉS

Le rendement des employés est un critère de la performance organisationnelle qui est défini comme étant l'évaluation de la valeur économique des services rendus par les employés. Il s'exprime souvent par le rapport des résultats produits par unité de temps et par employé; il s'agit alors de la productivité des employés.

D'autres indicateurs peuvent être utilisés pour évaluer le rendement des employés. On peut en effet évaluer ce critère à partir des résultats qu'on attend d'eux; c'est la méthode de la direction par objectifs qu'on peut utiliser lorsqu'ils peuvent être clairement décrits aux employés. On peut aussi utiliser des échelles de comportements à l'occasion de l'évaluation de rendement. Mesurer le rendement des employés n'est pas une tâche facile, surtout si la mesure est fondée sur le jugement de personnes comme c'est souvent le cas lors des évaluations de rendement. Il existe cependant des indicateurs de rendement qui nous permettent d'éviter d'avoir affaire avec la subjectivité des évaluateurs. Trois ont été suggérés[33] : 1. les ventes par employé, 2. les bénéfices avant impôt par employé, et 3. les bénéfices avant impôt par 100 $ de masse salariale.

3.4 LE DÉVELOPPEMENT DES EMPLOYÉS

Le développement des employés désigne l'acquisition et le perfectionnement des compétences des employés, améliorant leur mobilité dans l'organisation. Ce critère peut être mesuré par des méthodes telles que l'évaluation des apprentissages à la suite d'une activité de formation ou du transfert des acquis, quelque temps après. Les gestionnaires disposent de plusieurs mécanismes pour développer les compétences de leurs subalternes[34]; la responsabilité et l'imputabilité des résultats, l'affectation à des postes variés et les activités de perfectionnement en sont des exemples. Le développement des employés serait un moyen privilégié pour les intéresser à leur travail, augmenter leur satisfaction et les rendre plus fidèles à l'organisation[35].

Dans les organisations, la direction des ressources humaines conserve parfois des renseignements utiles pour mesurer ce critère : taux de la masse salariale consacrée à la formation, mobilité interne des employés, taux de promotions et de mutations internes par rapport au taux d'ouverture de postes, pourcentage des employés à qui l'on a attribué de nouvelles responsabilités soit par l'élargissement de leurs tâches, soit par leur enrichissement, degré d'acquisition des connaissances et des habiletés enseignées dans une situation de formation, degré d'efficacité des groupes, des équipes ou des comités pour résoudre des problèmes.

4. LA LÉGITIMITÉ DE L'ORGANISATION AUPRÈS DES GROUPES EXTERNES

Pour assurer la stabilité et la croissance de l'organisation, il est important aussi d'entretenir des bonnes relations avec les groupes externes tels que les investisseurs et les consommateurs. Il est également important d'occuper, dans son secteur d'activités, une position avantageuse par rapport à celle de ses compétiteurs. Par voie de conséquence, il faut pouvoir gagner le **soutien des groupes externes** qui ont un impact sur le fonctionnement de l'organisation tout en améliorant la compétitivité de l'organisation dans son marché. Cela constitue une contrainte à l'efficience, car il faut pouvoir composer avec des intérêts potentiellement antagonistes. Cette dimension de la performance organisationnelle comprend quatre critères : 1. la satisfaction des bailleurs de fonds, 2. la satisfaction de la clientèle, 3. la satisfaction des organismes régulateurs et 4. la satisfaction de la communauté.

4.1 LA SATISFACTION DES BAILLEURS DE FONDS

La satisfaction des bailleurs de fonds peut être évaluée par le degré auquel les créanciers estiment que leurs fonds sont utilisés de façon rentable; ce critère peut être mesuré par des indicateurs comme le bénéfice par action, le rendement boursier et le fonds de roulement.

4.2 LA SATISFACTION DE LA CLIENTÈLE

La satisfaction de la clientèle réfère au jugement que porte le client sur la façon dont l'organisation a su répondre à ses besoins; ce critère peut être mesuré par des indicateurs comme le délai de livraison, le niveau des ventes, la qualité du service à la clientèle, le nombre de plaintes faites par la clientèle et le taux d'acceptation des nouveaux produits.

4.3 LA SATISFACTION DES ORGANISMES RÉGULATEURS

La satisfaction des organismes régulateurs peut être évaluée par le degré auquel l'organisation respecte les lois et les règlements qui régissent ses activités; ce critère peut être mesuré par un indicateur, soit le montant versé pour les infractions aux lois et aux règlements établis.

4.4 LA SATISFACTION DE LA COMMUNAUTÉ

La satisfaction de la communauté se définit comme étant l'appréciation que fait la communauté élargie des activités et des effets de l'organisation. Bien plus que de simples actions pour se donner bonne conscience, les efforts réalisés par les gestionnaires en matière d'actions communautaires doivent être valorisés par le mode d'évaluation des organisations et correspondre à une volonté authentique à rétablir la réciprocité et l'équilibre des échanges entre l'organisation qu'ils représentent et la société. Bien sûr, une telle attitude vis-à-vis de la performance nous force à prendre en considération une multitude d'acteurs ou de groupes d'intérêts. Si les gestionnaires accordent leur attention à la satisfaction des intérêts des actionnaires, des clients et des employés, il faut aussi faire attention à d'autres groupes comme, par exemple, les minorités, les citoyens et les groupes qui protègent l'environnement, comme cela est indiqué au tableau 1.

Cette perspective de la performance organisationnelle s'accorde bien avec quelques courants déjà connus en administration tels que l'étude des questions sociales en gestion (*Social Issues in Management*)[36], la performance sociale des organisations (*Corporate Social Performance*)[37] et l'éthique des affaires (*Business Ethics*)[38]. Quelques critères construits par des chercheurs participant à ces courants de pensée illustrent bien la nature des résultats que les gestionnaires pourraient prendre en compte pour évaluer la performance organisationnelle.

Par exemple, le *Council on Economic Priorities* a fait valoir ce point de vue en utilisant 11 indicateurs pour évaluer la performance de 138 sociétés qui distribuent leurs produits et leurs services sur le marché américain. Le guide qu'ils ont publié, intitulé *Shopping for a Better World*[39] permet au consommateur d'évaluer rapidement la responsabilité sociale et morale d'une société et de faire ses achats en conséquence. Parmi ces indicateurs, on retrouve : le montant des dons de charité, le nombre de femmes dans les postes de direction, le nombre de personnes de couleur dans les postes de direction, le degré d'implication dans les forces armées, l'expérimentation des produits avec des animaux, la transparence de la société concernant ses politiques et ses programmes sociaux, la participation aux services communautaires (par exemple, l'éducation, le bénévolat et le logement), le degré d'implication dans l'énergie nucléaire, le degré d'engagement de la société envers la protection de l'environnement naturel et le degré de développement des avantages sociaux concernant la famille (par exemple, congé de maternité, service de garderie, partage de l'emploi, etc.).

Le *Council on Economics Priorities* avait auparavant publié un ouvrage *Rating America's Corporate Conscience*[40], explicitant leurs intentions et la méthodologie qu'ils ont employée. Brièvement, cet organisme vise à assainir le marché américain, en aidant les individus à faire des achats sous l'éclairage d'une meilleure connaissance des sociétés qui les produisent. Il est intéressant de constater qu'aujourd'hui, cette tendance à définir la performance organisationnelle élargie provient de l'«extérieur» des organisations, dans ce cas-ci, d'une association de consommateurs qui fait le pari que les organisations devront tôt ou tard se conformer aux exigences de leurs clients.

Plusieurs indicateurs pourraient servir à mesurer la satisfaction de la communauté, mais tous ne font pas le consensus ou ne sont pas disponibles. À la suite de nos rencontres avec les gestionnaires, nous avons retenu les indicateurs suivants : le nombre d'emplois créés dans la communauté, le nombre de plaintes des citoyens, le nombre d'accidents ou de crises environnementales ou industrielles, la contribution financière de l'organisation à la réalisation d'activités communautaires, la présence marquée de programmes concernant la famille (par exemple, garderie, congé, etc.) et le mode de disposition des déchets.

Pour conclure, précisons que peu d'études publiées à ce jour ont précisé comment mesurer les indicateurs de la performance organisationnelle. En effet, il existe dans la littérature plusieurs modèles pour définir ce que peut être la performance organisationnelle mais là s'arrête la réflexion. Cette tentative pour rendre opératoire la mesure de la performance de l'organisation à partir du modèle de Morin, Savoie et Beaudin (1994) est un pas dans la bonne direction. Malheureusement, les systèmes d'évaluation de la performance d'un grand nombre d'organisations n'ont pas été modifiés suffisamment en profondeur pour satisfaire aux exigences qu'impose un tel exercice. Bien des systèmes sont essentiellement axés sur la mesure du rendement historique des opérations internes, mesure exprimée en termes financiers, les données réelles étant comparées à un ensemble de données budgétaires. Les systèmes de mesure traditionnels et par ricochet, les systèmes d'informations inhérents, doivent être perfectionnés. Ils doivent permettre d'évaluer la performance globale de l'organisation. C'est là un exercice essentiel à la bonne gestion d'une organisation. Cet exercice n'a de sens cependant, que s'il permet de déboucher sur des actions qui amènent les gestionnaires à revoir leur façon de concevoir la performance. Sinon, il ne représente qu'un gaspillage de ressources, de temps et de compétences.

Comment faut-il la mesurer?

Dans la partie précédente, quatre dimensions de la performance organisationnelle ont été définies à l'aide de critères, puis des indicateurs de performance ont été suggérés pour mesurer ces critères. En tout, treize critères servent à évaluer la performance de l'entreprise. Dans cette partie du manuel, les indicateurs qui ont été retenus, à la suite de notre recherche dans cinq entreprises différentes, sont expliqués et définis de façon opératoire. Par la suite, on indiquera où trouver l'information nécessaire pour évaluer l'organisation et comment analyser et interpréter les résultats obtenus. Un exemple d'application sera présenté pour illustrer l'usage de la méthode. Enfin, pour les gestionnaires intéressés par le développement d'un système d'information sur la performance organisationnelle, la mise en place des procédures d'évaluation employant des technologies de l'information est expliquée.

1. MESURER LES INDICATEURS DE PERFORMANCE

La mesure de la performance organisationnelle exige le respect des règles de l'art qui ont déjà été présentées dans l'introduction de ce manuel. Quelques explications sont maintenant apportées pour clarifier le sens de ces règles.

Il faut choisir des indicateurs capables de discriminer entre différents écarts de performance.

Par exemple, il ne servirait à rien de mesurer des indicateurs «universels» tels que le nombre de jours de congé de maternité accordés aux employées d'une entreprise ou la régularité des versements d'impôts, car ce sont là deux données assujetties à des lois et les gestionnaires doivent les respecter. Par contre, le taux d'absentéisme des employés ou la marge de bénéfice net sont des données qui peuvent varier dans le temps et qui indiquent soit une amélioration soit une détérioration de la performance de l'entreprise.

Il faut s'assurer de la fidélité et de la validité des mesures.

La fidélité d'un indicateur, c'est en quelque sorte sa capacité à fournir un score fiable sur un critère, de telle sorte qu'on peut avoir confiance dans la mesure; une bonne fidélité correspond à une faible variance d'erreurs. La validité réfère à la capacité d'un indicateur à donner une information qui correspond de façon adéquate au critère qu'il est censé mesurer. La fidélité et la validité de la mesure devraient être une préoccupation constante pour toutes les personnes qui évaluent la performance d'une entreprise. Si le lecteur n'est pas familier avec ces deux notions, il serait utile pour lui de consulter des ouvrages de référence ou des personnes ressources afin de se familiariser avec la vérification de la fidélité et de la validité des mesures qu'il prend[41].

Par exemple, le rendement sur le capital investi est un indicateur fiable de la performance financière d'une entreprise, mais donne peu d'informations sur la valeur des ressources humaines. Toutefois, dépendamment de ce qui se trouve au dénominateur, le R.C.I. peut fournir différentes indications et sa validité en tant qu'indicateur de la rentabilité financière de l'entreprise peut s'en trouver affectée.

Il faut élaborer une méthode qui soit facile à utiliser, d'un coût d'utilisation raisonnable et qui suscite la collaboration des informateurs.

Rien de tel pour ne pas mesurer la performance d'une organisation que de se donner un système complexe, difficile à comprendre par les employés et les gestionnaires, et coûteux à exécuter. Afin de stimuler l'intérêt des personnes susceptibles d'être impliquées dans la collecte des informations nécessaires à la mesure de la performance et celles qui vont maintenir à jour la banque de données, il est primordial de concevoir une méthode facile à utiliser et à comprendre et communiquant des informations utiles à tous pour améliorer leur performance.

Dixon, Nanni et Vollmann (1990) présentent un questionnaire destiné aux gestionnaires qui permet de déterminer les indicateurs de

LES INDICATEURS DE PERFORMANCE

performance qui sont utiles, d'après eux, pour la bonne conduite des affaires. Ce genre de questionnaire serait utile dès le début de la collecte de données pour déterminer quels sont les informations disponibles dans l'entreprise et quels sont les indicateurs qui sont jugés importants par les gestionnaires. Le tableau 2 présente une adaptation, pour les fins de notre étude, du questionnaire développé par ces chercheurs.

<table>
<tr><td colspan="3">TABLEAU 2. Adaptation du questionnaire de Dixon, Nanni et Vollmann (1990)
Indicateurs de performance</td></tr>
<tr>
<td>Importance de l'indicateur de performance pour le succès à long terme de l'entreprise</td>
<td>Indicateurs</td>
<td>Disponibilité de l'information dans l'entreprise</td>
</tr>
<tr>
<td>Nulle ....Élovóo
1   2   3   4   5   6   7</td>
<td>Rotation des stocks</td>
<td>Oui   Non   NSP[1]</td>
</tr>
<tr>
<td>1   2   3   4   5   6   7</td>
<td>Rendement de la main-d'œuvre</td>
<td>Uui   Non   NSP</td>
</tr>
<tr>
<td>1   2   3   4   5   6   7</td>
<td>Coûts de la qualité</td>
<td>Oui   Non   NSP</td>
</tr>
<tr>
<td>1   2   3   4   5   6   7</td>
<td>Surveillance de l'environnement</td>
<td>Oui   Non   NSP</td>
</tr>
<tr>
<td>1   2   3   4   5   6   7</td>
<td>Délais de production</td>
<td>Oui   Non   NSP</td>
</tr>
</table>

[1] NSP : ne sais pas

Pour définir un système d'information sur la performance qui soit utile pour les gestionnaires d'une entreprise, il faudrait tenir compte de l'importance qu'ils accordent aux indicateurs qui sont présentés dans ce manuel et de la disponibilité de l'information sur chacun des indicateurs. Un aide-mémoire est offert à la suite de la présentation des indicateurs de chaque dimension dans ce but.

1.1 La pérennité de l'organisation

La pérennité de l'organisation reflète le degré auquel la stabilité et la croissance de l'organisation sont assurées. Elle est appréhendée à l'aide de trois critères : la qualité du bien produit ou du service rendu, la rentabilité financière et la compétitivité de l'organisation.

1.1.1 La qualité des produits ou des services

Ce critère reflète le degré auquel le bien ou le service satisfait aux exigences de la clientèle.

1.1.1.1 La qualité des produits

Ce ratio, qui peut être exprimé en dollars, indique le niveau de qualité des produits fabriqués, les retours désignant les produits non vendus pour des raisons de mauvaise qualité ou d'insatisfaction de la clientèle. Plus le ratio est élevé, moins la qualité est bonne. Pour l'entreprise commerciale ou industrielle, la qualité des produits peut se calculer comme suit :

$$\frac{\text{Nombre de retours}}{\text{Nombre d'articles vendus}} \times 100$$

ou encore, si l'on veut exprimer cet indicateur en dollars,

$$\frac{\text{Valeurs en dollars des retours}}{\text{Revenus totaux}} \times 100$$

1.1.1.2 La qualité des services

Il est possible également d'évaluer la qualité des services offerts à la clientèle par les plaintes exprimées par les consommateurs à des organismes comme une agence de protection des consommateurs ou à des personnes responsables attitrées par l'entreprise (comme des préposés à un comptoir de service à la clientèle, par exemple). Cet indicateur est approprié en outre pour les entreprises de services. La qualité des services peut se calculer comme suit :

$$\frac{\text{Nombre de plaintes formulées par la clientèle}}{\text{Nombre de services rendus}} \times 100$$

1.1.2 LA RENTABILITÉ FINANCIÈRE

Deux indicateurs sont très largement reconnus pour mesurer la rentabilité financière : le rendement du capital investi et la marge de bénéfice net.

1.1.2.1 RENDEMENT DU CAPITAL INVESTI (R.C.I.)

Selon la littérature et les experts consultés, pour le calcul du **rendement sur le capital investi**, la formule la plus acceptable selon une perspective globale de performance organisationnelle est celle qui se lit comme suit :

$$\frac{\text{Bénéfice net} + \text{les impôts} + \text{les intérêts}}{\text{Actif total}} \times 100$$

1.1.2.2 MARGE DE BÉNÉFICE NET

La **marge de bénéfice net** aussi appelée la **marge bénéficiaire nette** donne un indice de la rentabilité des opérations, c'est-à-dire la capacité d'une société de réduire ses coûts et de produire une *plus-value*.

L'analyse de l'exploitation permet d'évaluer la capacité de l'entreprise à rentabiliser ses opérations courantes. Le gain tiré de ses activités est évalué par la marge bénéficiaire nette, soit :

$$\frac{\text{Bénéfice net}}{\text{Revenus nets}} \times 100$$

Les revenus nets sont les revenus totaux moins les rendus et rabais reliés aux ventes.

1.1.3 La compétitivité

La compétitivité de l'organisation réfère à la performance de l'entreprise à conserver sa place dans ses marchés et à développer d'autres marchés et ce, dans le but de protéger et de développer ses ressources et d'assurer sa pérennité. Dans ce sens, la compétitivité s'évalue par la comparaison d'indicateurs financiers de l'entreprise comparativement à ceux des concurrents; le niveau des ventes par secteurs géographiques ou par groupes de produits/services ainsi que le niveau d'exportation sont des indicateurs de la compétitivité de l'organisation.

1.1.3.1 Le niveau des revenus par secteur

Le niveau des revenus par secteurs géographiques ou par groupes de produits/services peut se mesurer à même le système d'information de gestion de l'entreprise. Il s'agit, par exemple, de la part de marché occupé par l'entreprise par rapport à celle de ses concurrents, soit :

$$\frac{\text{Revenus dans chaque région (tous produits / services confondus)}}{\text{Somme des revenus réalisés par l'entreprise et ses concurrents dans chaque région donnée}} \times 100$$

Il peut s'agir également de la part de marché d'un produit/service par rapport à celle des produits/services des concurrents :

$$\frac{\text{Revenus pour un produit / service donné (toutes régions confondues)}}{\text{Somme des revenus réalisés par l'entreprise et ses concurrents pour un produit / service donné}} \times 100$$

Si cela était possible, l'élément «revenus» pourrait être remplacé par la quantité de produits vendus ou le nombre de services rendus, au numérateur et au dénominateur. De plus, l'entreprise pourrait être intéressée à connaître les revenus d'un produit ou service pour un secteur géographique donné; pour ce faire, on pourrait combiner ces deux équations.

L'information fournie par ces deux indicateurs peut permettre à l'entreprise de se comparer dans la mesure où l'information des concurrents est disponible.

1.1.3.2 LE NIVEAU D'EXPORTATION

Le niveau d'exportation de l'entreprise peut se mesurer de la façon suivante :

$$\frac{\text{Revenus gagnés à l' étranger}}{\text{Revenus totaux}} \times 100$$

Il va de soi que certaines entreprises, de par leurs types d'activités, ne réaliseront pas de revenus à l'étranger tout comme cela peut être le cas de leurs concurrents. Par ailleurs, il est possible que les concurrents occupent des marchés que l'entreprise n'a pas encore pénétrés et inversement; la comparaison des revenus provenant des différents marchés, même s'ils sont à l'intérieur du pays de résidence, permet d'établir le degré de compétitivité de l'entreprise.

Le tableau 3 résume les indicateurs de la dimension «pérennité de l'organisation». Ce tableau peut servir à établir l'importance qu'a chaque indicateur pour les gestionnaires d'une entreprise et déterminer quels indicateurs devraient être mesurés pour établir sa performance organisationnelle.

TABLEAU 3. Indicateurs de performance : pérennité de l'organisation		
Importance de l'indicateur de performance pour le succès à long terme de l'entreprise	Indicateurs de performance Dimension : Pérennité de l'organisation	Disponibilité de l'information dans l'entreprise
Nulle ....Élevée		
1 2 3 4 5 6 7	**Qualité des produits**	Oui Non NSP
1 2 3 4 5 6 7	**Qualité des services**	Oui Non NSP
1 2 3 4 5 6 7	**Rendement du capital investi**	Oui Non NSP
1 2 3 4 5 6 7	**Marge de bénéfice net**	Oui Non NSP
1 2 3 4 5 6 7	**Niveau des revenus par secteur**	Oui Non NSP
1 2 3 4 5 6 7	**Niveau d'exportation**	Oui Non NSP

1.2 L'efficience économique

L'efficience économique est cette dimension de la performance qui vise à montrer la capacité de l'organisation à ménager les ressources et à les faire profiter autant que possible. Comme on l'a laissé entendre précédemment, l'efficience suppose que l'on peut produire un effet voulu d'une manière économique. Beaucoup de chercheurs ont eu recours à la rentabilité ou à la productivité pour évaluer la performance d'une organisation. Les critères de l'économie interne (degré auquel l'organisation réduit la quantité des ressources utilisées tout en assurant le bon fonctionnement du système) et de la productivité (quantité de biens produits divisée par les ressources utilisées pour leur production) sont manifestement des composantes de la performance organisationnelle. Deux critères servent donc à évaluer cette dimension : l'économie des ressources et la productivité de l'entreprise.

1.2.1 L'économie des ressources

L'économie des ressources est un critère qui peut être mesuré par les indicateurs suivants : la rotation des stocks, le délai de recouvrement des comptes clients, le taux de rebuts et le pourcentage de réduction du gaspillage.

1.2.1.1 Rotation des stocks ou durée moyenne de stockage

La rotation des stocks se calcule de la façon suivante :

$$\frac{\text{Coût des produits vendus}}{\text{Stock moyen}}$$

On obtient la durée moyenne du stockage en divisant 365 jours par le résultat de ce ratio. Ce ratio indique la période de temps pendant laquelle les stocks de matières premières ou de produits finis sont gardés en inventaire. Il reflète l'efficience avec laquelle la direction gère les inventaires. Il n'existe pas de règle fixe pour déterminer la période idéale, mais il est préférable qu'elle soit plutôt courte en raison des sommes immobilisées que cela représente. Pour déterminer une période acceptable, il faut tenir compte de facteurs comme le délai de livraison, la durée des cycles de production, de réception et d'expédition des marchandises, les coûts de réglages et des préparatifs de la production, des coûts d'entretien des inventaires, etc.

Ce ratio varie considérablement d'un secteur à l'autre. Par exemple, la rotation des stocks sera nécessairement plus rapide pour un commerçant de produits alimentaires que pour un commerçant d'automobiles en raison de la nature du produit d'une part, et de la durée de la période de fabrication et de vente, d'autre part.

1.2.1.2 Rotation des comptes clients ou délai de recouvrement des comptes clients

Le délai de recouvrement des comptes clients se calcule comme suit :

$$\frac{\text{Comptes clients bruts moyens}}{\text{Ventes à crédit de l'exercice}} \times 365 \text{ jours}$$

Le délai de recouvrement donne une mesure de la performance de la politique de l'entreprise en matière de crédit. Le nombre de jours au numérateur (ici, 365 jours) devrait correspondre à celui qui est généralement reconnu dans le secteur d'activités de l'entreprise; en conséquence, le numérateur doit s'ajuster aux caractéristiques de l'entreprise évaluée.

1.2.1.3 Taux de rebuts

L'entreprise commerciale ou industrielle peut réaliser des économies appréciables par une meilleure gestion des matières premières, des produits en cours et des produits finis. Les rebuts d'une entreprise sont des matières premières impropres à la production ou des produits en cours ou finis invendables. Même une entreprise de service peut avoir des rebuts; ils peuvent être du papier, des cartons, de l'équipement informatique, etc. Il peut se calculer comme suit :

$$\frac{\text{Rebuts de matières premières}}{\text{Achats}} + \frac{\text{Bris / Perte de produits en cours ou finis}}{\text{Ventes}} \times 100$$

Cet indicateur révèle le pourcentage des pertes au cours d'un exercice.

1.2.1.4 Pourcentage de réduction du gaspillage

Le pourcentage de réduction du gaspillage concerne la gestion des matières premières et des produits en cours ou finis, mais il concerne également la gestion de l'énergie, du temps (comme les temps morts et donc, perdus) et des équipements. En fait, le souci de l'environnement et la responsabilité sociale des entreprises doivent se manifester dans l'attention que portent les gestionnaires à réduire le gaspillage et à mieux utiliser les ressources naturelles, humaines et technologiques. Ce pourcentage peut être obtenu de la façon suivante :

$$\frac{\text{Gaspillage durant la période A} - \text{Gaspillage durant la période B}}{\text{Gaspillage durant la période A}} \times 100$$

Pour calculer cet indicateur, il faut établir une mesure de base, c'est-à-dire une période à partir de laquelle on pourra mesurer par comparaison les gains en efficacité. L'information concernant cet indicateur est diffuse cependant. Il est néanmoins possible de mesurer cet indicateur en déterminant les ressources que l'on souhaite épargner (par exemple, l'électricité, le temps de production, l'espace de travail, etc.) et de comparer par la suite les coûts attribués à l'utilisation de ses ressources, entre les périodes définies d'avance.

1.2.2 LA PRODUCTIVITÉ

L'efficience économique se rapporte en particulier à la notion de «productivité». Elle s'exprime par le rapport entre la qualité ou la quantité de production et les ressources utilisées pour engendrer cette production. En dépit du consensus qui s'est fait autour de l'importance de ce critère, il n'y a pas encore de façon reconnue et indiscutable de le mesurer. Pour mesurer la productivité, il n'existe pas d'unité de mesure étalon, ni dans la définition de l'unité, ni dans la mesure, ni dans son interprétation. Il y a donc une multitude d'unités de mesure concernant la productivité, chacune étant adaptée à son utilisation. La stabilité de la mesure de la productivité pose également un problème aux évaluateurs du fait qu'elle est reliée à la période de temps qu'elle représente, à la fréquence de la mesure et à sa spécificité. Ce problème met en cause la fidélité et la validité de la mesure.

Selon les travaux que nous avons effectués, nous avons retenu deux indicateurs de productivité qui reçoivent l'assentiment des évaluateurs: la rotation de l'actif total et la rotation de l'actif immobilisé. La productivité peut également se mesurer en mettant en rapport les coûts variables et les ventes; parfois, on restreint le calcul de la productivité à la main-d'œuvre ou au niveau des ventes associées à un produit. Dans certains cas, le rapport ventes/jour par personne est utilisé pour mesurer la productivité d'une entreprise commerciale. Dans ce manuel, deux autres indicateurs sont retenus parce qu'ils établissent un lien direct entre les intrants et extrants. Il s'agit de la comparaison entre le niveau d'activités et les coûts associés d'une part et le temps de production d'autre part.

1.2.2.1 Rotation de l'actif total

La rotation de l'actif total se mesure à l'aide du rapport suivant :

$$\frac{\text{Revenus}}{\text{Actif total moyen}}$$

Ce ratio mesure l'efficience avec laquelle l'entreprise utilise les actifs (l'actif à court terme et à long terme, l'actif immobilisé ou l'actif total) pour réaliser ses revenus. C'est un moyen d'évaluer la capacité de l'entreprise d'engendrer des revenus avec un niveau donné d'investissement tangible. En d'autres termes, ce ratio donne une indication du revenu engendré par une unité d'investissement ou mieux, un indice du degré des activités produites par un montant d'actif donné.

1.2.2.2 Rotation de l'actif immobilisé

La rotation de l'actif immobilisé se calcule comme suit :

$$\frac{\text{Revenus}}{\text{Immobilisations moyennes}}$$

Ce ratio mesure l'efficience avec laquelle l'entreprise utilise ses immobilisations pour réaliser ses revenus. Il permet de comparer les dépenses d'investissements dans les immobilisations. Ce ratio varie considérablement d'un secteur à l'autre et selon les procédés de production choisis dans un secteur donné.

Ce ratio de productivité peut être utile dans des entreprises commerciales ou industrielles. Il se calcule comme suit :

$$\frac{\text{Quantités produites}}{\text{Coût de fabrication}}$$

La difficulté d'application de cet indicateur le rend moins populaire que les deux premiers. En effet, plus le nombre de produits différents fabriqués par une entreprise s'accroît, plus les résultats de cet indicateur deviennent arbitraires suite à l'imputation des frais généraux de fabrication. Il est possible cependant d'utiliser au dénominateur seulement les coûts variables de fabrication, afin de surmonter cet obstacle à la mesure de la productivité.

Dans une entreprise de services, on utilise parfois le ratio suivant :

$$\frac{\text{Heures facturées}}{\text{Heures payées à l'employé}} \times 100$$

ou encore,

$$\frac{\text{Heures facturées}}{\text{Heures travaillées}} \times 100$$

Ces ratios sont similaires au ratio de productivité de l'effort de vente :

$$\frac{\text{Ventes}}{\text{Coût des ventes}}$$

ou encore,

$$\frac{\text{Honoraires}}{\text{Masse salariale}}$$

Cet autre ratio de productivité est fréquemment utilisé dans les entreprises en raison de sa simplicité, mais cela ne garantit pas sa fidélité, ni sa validité. Il s'agit de placer au dénominateur le temps associé à la fabrication d'un produit, à la réalisation d'une activité ou la prestation d'un service. La définition générale de ce ratio est la suivante :

$$\frac{\text{Quantités produites (bien ou service)}}{\text{Heures de main - d'œuvre directe}}$$

Les données requises pour effectuer ce calcul sont plus facilement identifiables, bien qu'il existe encore plusieurs écueils. Il est en effet généralement plus facile d'identifier combien d'heures a nécessité la fabrication d'un bien ou la prestation d'un service que d'identifier le montant des frais généraux. Ce ratio peut prendre différentes formes, selon le secteur d'activité de l'entreprise et sa raison d'être. Par exemple, il équivaut aux ratios suivants :

$$\frac{\text{Heures de machines utilisées}}{\text{Heures de machines disponibles}} \times 100$$

ou encore

$$\frac{\text{Nombre de chambres occupées}}{\text{Nombre de chambres disponibles}} \times 100$$

Le tableau 4 résume les indicateurs de la dimension «efficience économique». Ce tableau peut être utile pour établir l'importance qu'a chaque indicateur pour les gestionnaires et déterminer quels indicateurs devraient être mesurés pour établir la performance organisationnelle.

TABLEAU 4. INDICATEURS DE PERFORMANCE : EFFICIENCE ÉCONOMIQUE		
IMPORTANCE DE L'INDICATEUR DE PERFORMANCE POUR LE SUCCÈS À LONG TERME DE L'ENTREPRISE	INDICATEURS DE PERFORMANCE DIMENSION : EFFICIENCE ÉCONOMIQUE	Disponibilité de l'information dans l'entreprise
Nulle ....Élevée		
1 2 3 4 5 6 7	Rotation des stocks	Oui Non NSP
1 2 3 4 5 6 7	Rotation des comptes clients	Oui Non NSP
1 2 3 4 5 6 7	Taux de rebuts	Oui Non NSP
1 2 3 4 5 6 7	Taux de réduction du gaspillage	Oui Non NSP
1 2 3 4 5 6 7	Rotation de l'actif total	Oui Non NSP
1 2 3 4 5 6 7	Rotation de l'actif immobilisé	Oui Non NSP
1 2 3 4 5 6 7	Niveau d'activités/ Coût de production	Oui Non NSP
1 2 3 4 5 6 7	Niveau d'activités/ Temps de production	Oui Non NSP

1.3 LA VALEUR DES RESSOURCES HUMAINES

Comme on l'a énoncé précédemment, la performance d'une organisation ne pourrait être possible sans prendre en considération les employés qui participent quotidiennement à ses activités. Par le mot «employé», on désigne toute personne qui œuvre pour l'organisation et qui en reçoit une rémunération; ce terme inclut les dirigeants, les cadres et les non-cadres. La valeur des ressources humaines représente la dimension sociale de l'efficacité. Elle est définie par quatre critères : la mobilisation des employés, le climat de travail, le rendement et le développement des employés.

Certains indicateurs qui seront définis ci-après sont des ratios qui comportent au dénominateur des références aux effectifs de l'entreprise. Dans les cas où les effectifs de l'entreprise varient beaucoup d'une période à une autre, par exemple en raison des saisons, il convient de mesurer l'indicateur à chaque période et de faire une moyenne pour la durée de l'exercice financier. Par contre, dans les cas où les effectifs de l'entreprise sont relativement stables au cours d'un exercice financier donné, cela ne vaut pas la peine de faire de telles opérations.

Par exemple, prenons le cas d'une entreprise dont les effectifs varient en fonction des périodes saisonnières. On veut mesurer le taux d'assiduité des employés. Ce taux doit tenir compte des fluctuations importantes, s'il en est, du nombre d'employés au service de l'entreprise. On doit déterminer la ou les période(s) pendant laquelle (lesquelles), au cours d'un exercice financier, le nombre d'employés fluctue peu. Pour chacune des ces périodes, on calcule le taux suivant :

$$\frac{\text{Nombre d'employés présents}}{\text{Nombre total d'employés}} \times 100$$

Il s'agit ensuite de pondérer le taux obtenu pour chaque période en fonction de la durée de cette période, de la façon suivante :

• Durée de la première période × Taux d'assiduité de la première période
• Durée de la deuxième période × Taux d'assiduité de la deuxième période

etc.

Pour connaître le taux d'assiduité pour un exercice financier donné, il suffit de diviser la somme des produits obtenus à la deuxième étape par le nombre total de périodes, soit :

$$\frac{\text{Somme des produits obtenus à la deuxième étape}}{\text{Nombre total de périodes}}$$

Par exemple, si trois périodes ont été identifiées pour des durées respectives de deux, sept et trois mois et que les taux d'assiduité pour chacune de ces périodes sont 99 %, 96 % et 98 %, on trouvera les calculs suivants à l'étape deux :

• $(2) \times (99\ \%) = 1,98\ \%$
• $(7) \times (96\ \%) = 6,72\ \%$
• $(3) \times (98\ \%) = 2,94\ \%$

Et, on connaîtra le taux d'assiduité pour l'exercice financier grâce à la troisième étape suivante :

$$\frac{(1,98)+(6,72)+(2,94)}{12}=97\%$$

1.3.1 LA MOBILISATION DES EMPLOYÉS

La mobilisation réfère à la disposition des employés à faire des efforts pour atteindre les objectifs de l'entreprise et améliorer ainsi sa performance. Ce critère peut être mesuré par les indicateurs suivants : le taux de rotation des employés et le taux d'absentéisme.

1.3.1.1 TAUX DE ROTATION DES EMPLOYÉS

Le taux de rotation des employés est un indicateur de la mobilisation en autant qu'il représente les employés qui quittent l'entreprise de leur propre chef, pour des raisons personnelles ou professionnelles. L'examen des raisons de départ peut être utile pour découvrir les circonstances qui ont conduit les employés à vouloir partir : un climat de travail conflictuel, des conditions de travail impropres, un travail qui ne correspond plus aux aspirations des employés ou à leurs compétences, etc. Il se calcule à l'aide de l'équation suivante, pour une période de temps fixée :

$$\frac{\text{Nombre de départs volontaires}}{\text{Nombre moyen d'employés réguliers}} \times 100$$

Un départ volontaire, c'est un employé qui donne sa démission et quitte l'entreprise par choix personnel. Cela exclut la mise à pied, le congédiement et les licenciements collectifs justifiés par des motifs économiques.

La mise à pied est une mesure consistant à priver, pendant une courte durée, un salarié de son emploi et du salaire correspondant. Le congédiement a pour effet de priver définitivement l'employé de son emploi. La fermeture de poste ou le licenciement pour des raisons financières a pour effet d'éliminer un poste de travail dans la structure organisationnelle.

1.3.1.2 TAUX D'ABSENTÉISME

Le taux d'absentéisme est un ratio fort répandu dans les entreprises; il peut indiquer une diminution de l'intérêt des employés pour leur travail en autant qu'il n'inclut pas, dans son équation, les absences qui ne relèvent pas d'une décision des employés, comme les congés mobiles, ou celles qui résultent de l'application de la loi ou d'une convention, comme les congés de maternité, la convocation à participer à un jury, les vacances, etc. Le calcul s'effectue en comptant pour une période donnée tous les jours d'absence et tous les jours payés, sauf les vacances annuelles, les congés fériés, les congés pour formation, les congés de maladie prolongés prévus par le contrat de travail. Ce taux se calcule comme suit, pour une période de temps fixée :

$$\frac{\text{Nombre de jours} - \text{personne d'absence}}{\text{Nombre de jours} - \text{personne payés}} \times 100$$

Est absent du travail tout employé qui n'est pas à son poste de travail ou en train d'exécuter sa tâche au lieu et à l'heure convenus. De façon opérationnelle on ne devrait considérer que les absences pour maladie, accidents de travail et les absences non autorisées.

Un système d'information qui pourrait conserver les raisons des absences des employés permettrait de révéler le degré de mobilisation des employés. En effet, ce ratio n'est jamais égal à 0, car il y a toujours des absences causées par des maladies, des accidents ou des obligations personnelles. Parmi les raisons que donnent les employés pour justifier leur absence, celles qui réfèrent aux conditions de travail et au manque d'intérêt au travail sont celles qui indiquent le plus le niveau de mobilisation.

1.3.2 LE CLIMAT DE TRAVAIL

Le climat de travail est un critère qui peut être mesuré par les indicateurs suivants : le taux de participation aux activités sociales, le taux de maladie, le taux d'accidents, le nombre de jours perdus à cause d'un arrêt de travail, la quantité de griefs dans une année et le nombre d'actes déviants.

1.3.2.1 TAUX DE PARTICIPATION AUX ACTIVITÉS SOCIALES

Le taux de participation aux activités sociales peut indiquer la disposition des employés à vouloir appartenir aux groupes de travail auxquels ils se rattachent. Un taux élevé de participation démontre généralement un bon climat de travail et une certaine satisfaction au travail. Il se mesure par l'équation suivante :

$$\frac{\text{Nombre d'employés qui participent}}{\text{Nombre d'employés invités à participer}} \times 100$$

Pour calculer ce ratio, il faut le calculer pour chaque activité sociale organisée. Pour connaître le taux de participation aux activités sociales pour une période donnée, il suffit de diviser la somme des taux obtenus pour l'ensemble des activités sociales qui ont été organisées pendant cette période, par le nombre d'activités tenues pendant la période :

$$\frac{\text{Somme des taux obtenus pour l'ensemble des activités organisées}}{\text{Nombre d'activités tenues pendant la période}}$$

1.3.2.2 TAUX DE MALADIE

Le taux de maladie est un indicateur du climat de travail et du moral des employés. On a de plus en plus d'évidence que la qualité de vie au travail affecte la santé des personnes. L'affection peut être physique, psychologique ou psychosomatique. Pour une période donnée, on calcule le taux suivant :

$$\frac{\text{Nombre d'employés affectés par la maladie}}{\text{Nombre moyen d'employés}} \times 100$$

1.3.2.3 TAUX D'ACCIDENTS

Le taux d'accidents est également relié à la qualité de vie au travail, donc au climat et au moral des employés. Des employés qui n'ont pas le cœur à l'ouvrage sont moins attentifs et plus à risque d'être victimes d'un accident. Ce taux se calcule de la façon suivante, pour une période fixée :

$$\frac{\text{Nombre d'accidents signalés}}{\text{Jours - personne travaillés}} \times 100$$

Le ratio idéal est 0. Une tendance à la hausse est un signe de problèmes dont le mauvais état des technologies de production, des conditions de travail dangereuses, l'éclairage inadéquat, de la négligence, des tensions, etc.

1.3.2.4 RATIO D'ACTES DÉVIANTS

On assiste à un acte déviant lorsqu'un employé adopte un comportement qui dévie des normes organisationnelles ou sociales. Voici une liste de comportements déviants que l'on peut observer dans les organisations :

☐ manque de professionnalisme
☐ se montre blessant dans ses rapports avec les autres
☐ néglige son hygiène personnelle ou son apparence
☐ fait usage d'un langage abusif
☐ ne respecte pas les consignes de sécurité
☐ va à l'encontre des règles ou des politiques de l'organisation
☐ déroge aux directives reçues
☐ abuse des bénéfices marginaux

- [ ] critique injustement le travail des autres employés
- [ ] est impliqué dans des actes illégaux en dehors du travail (vol, fraude, contrebande, etc.)
- [ ] porte illégalement sur soi une arme au travail
- [ ] profère des menaces à l'égard d'autrui
- [ ] montre de l'agressivité envers ses collègues ou des clients
- [ ] fait du harcèlement sexuel
- [ ] consomme de l'alcool au travail
- [ ] consomme des drogues au travail
- [ ] occupe un deuxième emploi chez un concurrent
- [ ] endommage les biens de l'organisation
- [ ] falsifie les données financières
- [ ] fausse l'information concernant ses heures de travail
- [ ] perturbe le déroulement normal des activités
- [ ] altère des banques de données
- [ ] utilise les biens de l'organisation pour des fins personnelles
- [ ] s'approprie des biens de l'organisation
- [ ] etc.

La mise en place d'un système de dénombrement des actes déviants peut entraîner leur élimination parce que les employés sauront que cela est inacceptable. À partir de ce moment, le nombre d'actes déviants peut ne plus être un indicateur fiable du moral des employés. Une telle situation indiquerait plutôt que le système de surveillance est efficace.

Le ratio d'actes déviants peut se calculer comme suit :

$$\frac{\text{Nombre d' actes déviants}}{\text{Nombre moyen d' employés}}$$

Les deux indicateurs suivants concernent les entreprises syndiquées. Il s'agit du nombre de jours perdus pour un arrêt de travail et la qualité des relations de travail.

1.3.2.5 Nombre de jours perdus à cause d'un arrêt de travail

On compte une journée de travail perdue due à un arrêt de travail lorsqu'un employé refuse d'accomplir son travail par solidarité avec un ensemble de travailleurs qui agissent de la même manière suite à un différend avec leur employeur.

Pour fins de comparaison entre différents exercices financiers, il peut s'avérer utile de calculer le taux de nombre de jours de travail perdus, surtout si le nombre de jours ouvrables total varie de façon importante d'un exercice à l'autre. L'occurrence d'une telle situation est très probable lorsque l'entreprise connaît une forte croissance (ou l'inverse), lorsqu'elle modifie son service à la clientèle en modifiant les heures d'ouverture, etc. L'utilisation au dénominateur du nombre de jours ouvrables rend possible la comparaison de ce ratio avec ceux des entreprises du même secteur.

On calcule le taux des jours de travail perdus en comparant le total de ces jours pour un exercice financier donné avec le total des jours ouvrables pour un même exercice; il se calcule donc ainsi :

$$\frac{\text{Nombre de jours perdus pour un arrêt de travail}}{\text{Nombre de jours ouvrables}} \times 100$$

1.3.2.6 Qualité des relations de travail

La qualité des relations de travail est habituellement reflétée par la quantité de griefs dans une année ou dans la période couvrant l'exercice financier. La tendance de cet indicateur est utile à connaître pour déterminer dans quel sens évolue le dialogue entre le patronat et le syndicat pour résoudre une mésentente dans l'interprétation d'une convention collective. Encore une fois, il est utile de tenir compte de la période couvrant l'exercice financier en vue de comparer les résultats avec ceux du secteur d'activités.

Un grief n'est généralement qu'une mésentente rendue officielle, le ratio marquera une tendance à la baisse si les deux parties coopèrent facilement. L'efficacité de la communication dans l'entreprise peut affecter, par exemple, ce ratio. Il se calcule de la façon suivante :

$$\frac{\text{Nombre de griefs}}{\text{Période couvrant l' exercice financier}}$$

1.3.3 LE RENDEMENT DES EMPLOYÉS

Le rendement des employés peut être évalué à l'aide des indicateurs suivants : revenus par employé, bénéfice net avant impôt par employé et bénéfice net avant impôt par tranche de 100 $ de masse salariale.

1.3.3.1 REVENUS PAR EMPLOYÉ

Un premier indicateur du rendement des employés peut être obtenu en divisant les revenus d'un exercice financier donné par le nombre moyen d'employés au service de l'entreprise pendant le même exercice. Si les activités de l'entreprise varient fortement à l'intérieur d'un même exercice, l'indicateur devrait être calculé pour chaque période se distinguant des autres :

$$\frac{\text{Revenus}}{\text{Nombre moyen d' employés}}$$

La qualité de cet indicateur réside dans sa facilité d'application. Il demeure toutefois très imprécis. D'abord l'objectif de la plupart des entreprises ne se limite pas à augmenter les revenus, ce que l'on cherche plutôt, c'est d'accroître les bénéfices. Ensuite, un tel système de mesure fait fi des effets sur les revenus, de l'inflation et des stratégies de prix que l'entreprise a pu adopter volontairement. Enfin, le résultat ne présente qu'un seul indicateur du rendement sans distinction qui tiendrait compte des différentes catégories d'employés. Ainsi, cette équation ne fait pas de différence entre le salaire annuel d'un préposé à l'entretien qui pourrait être de 26 000 $ et celui d'un cadre supérieur qui pourrait être, par exemple, 104 000 $ par année. Chaque employé compte pour une unité et cette équation répartit également les revenus réalisés par l'ensemble des employés, d'où une possible distorsion de l'information produite par cet indicateur.

1.3.3.2 Bénéfice net avant impôt par employé

Une autre façon d'évaluer le rendement des employés est de remplacer au numérateur, les revenus par le bénéfice net avant impôt :

$$\frac{\text{Bénéfice net avant impôt}}{\text{Nombre moyen d' employés}}$$

Cet indicateur est plus intéressant que le premier puisqu'il prend en considération les bénéfices plutôt que les revenus. Une lacune demeure cependant : cet indicateur ne tient pas compte de la situation où le coût des ressources humaines s'accroît plus rapidement que leur nombre.

1.3.3.3 Bénéfice net avant impôt par tranche de 100 $ de masse salariale

Le problème commun aux deux premiers indicateurs est le suivant : bien que l'information obtenue soit pertinente, elle ne tient pas compte de la distribution de la masse salariale parmi les employés. De plus, une mesure comparant des dollars avec des dollars est souhaitable. Il est possible d'éliminer les problèmes jusqu'ici identifiés en divisant le bénéfice net avant impôt par une certaine unité de masse salariale, par exemple une tranche de 100 $ de masse salariale :

$$\frac{\text{Bénéfice net avant impôt}}{\text{Tranches de 100 \$ de masse salariale}}$$

En plus de comparer des dollars avec des dollars, cette formule comporte d'autres avantages. D'abord, l'indicateur de rendement obtenu fait la distinction entre les différentes catégories d'employés : par exemple, une unité de 100 $ de masse salariale pour un employé qui gagne 26 000 $ par an est équivalente à une unité de 100 $ pour celui qui gagne 104 000 $. De plus, cet indicateur tient compte des tendances inflationnistes tant au niveau des revenus qu'au niveau de la masse salariale. Ce dernier indicateur affiche tout de même des faiblesses; entre autres, la masse salariale n'est pas équivalente au coût total des ressources humaines.

1.3.4 LE DÉVELOPPEMENT DES EMPLOYÉS

Le développement des employés est un critère important de la dimension «valeur des ressources humaines», car il traduit non seulement la mise à jour et le perfectionnement des compétences, mais aussi la capacité de l'entreprise à mettre à sa disposition les talents et les savoir-faire nécessaires pour réaliser ses objectifs. Ce critère est évalué par les indicateurs suivants : l'excédent du taux de la masse salariale consacrée à la formation, l'effort de formation, le transfert des apprentissages et la mobilité des employés.

1.3.4.1 EXCÉDENT DU TAUX DE LA MASSE SALARIALE CONSACRÉ À LA FORMATION

Les calculs de la masse salariale et des dépenses admissibles dans le calcul du taux consacré à la formation sont soumis à des règles légales dont on trouve le détail en annexe 1. Pour l'évaluation de la performance, la différence entre le taux réel et le taux prescrit est un indicateur de la performance.

1.3.4.2 EFFORT DE FORMATION

Cet indicateur met l'accent sur la nécessité de former et de perfectionner les employés. Il se calcule comme suit :

$$\frac{\text{Nombre d' heures de formation par année}}{\text{Nombre moyen d' employés}}$$

En ce qui concerne la formation, il faut tenir compte non seulement du temps de formation consacrée aux employés, mais aussi de la qualité des programmes de formation, de leur pertinence et de leur efficacité. La formation devrait toujours être dispensée sur la base de la connaissance des besoins de formation des employés et de leur projet professionnel. C'est pour tenir compte de l'efficacité des programmes de formation que l'indicateur suivant est utilisé.

1.3.4.3 TRANSFERT DES APPRENTISSAGES

Le transfert des apprentissages est défini comme la généralisation des apprentissages réalisés lors d'un programme de formation à des situations de travail. Il s'agit en d'autres mots du degré d'utilisation des connaissances et des habiletés enseignées dans une situation de perfectionnement/formation dans l'exercice des fonctions associées à l'emploi. Cet indicateur se mesure simplement en demandant aux employés qui ont suivi un programme de formation jusqu'à quel point ils se servent de ce qu'ils ont appris (dans la mesure où ils y ont appris quelque chose) pour accomplir leurs tâches, sept jours après avoir terminé le programme puis quatre semaines après.

1.3.4.4 MOBILITÉ DES EMPLOYÉS

La mobilité des employés est un indicateur qui est censé traduire le degré de développement des compétences des employés; cela repose sur le postulat qu'un employé qui peut faire des tâches variées et diverses dans une même entreprise, dans différents services ou dans différentes circonstances, a développé des habiletés diverses et des compétences lui permettant de s'adapter facilement et d'apporter des contributions importantes pour l'organisation.

Cet indicateur se calcule par l'équation suivante :

$$\frac{\text{Nombre d' employés qui ont changé de postes dans l' entreprise}}{\text{Nombre moyen d' employés}} \times 100$$

Le tableau 5 résume les indicateurs de la dimension «valeurs des ressources humaines». Ce tableau peut servir pour établir l'importance qu'a chaque indicateur pour les gestionnaires et déterminer quels indicateurs devraient être mesurés pour établir la performance organisationnelle.

TABLEAU 5. INDICATEURS DE PERFORMANCE : VALEURS DES RESSOURCES HUMAINES		
IMPORTANCE DE L'INDICATEUR DE PERFORMANCE POUR LE SUCCÈS À LONG TERME DE L'ENTREPRISE	INDICATEURS DE PERFORMANCE DIMENSION : VALEUR DES RESSOURCES HUMAINES	DISPONIBILITÉ DE L'INFORMATION DANS L'ENTREPRISE
Nulle ....Élevée		
1 2 3 4 5 6 7	Rotation des employés	Oui Non NSP
1 2 3 4 5 6 7	Taux d'absentéisme	Oui Non NSP
1 2 3 4 5 6 7	Taux de participation aux activités sociales	Oui Non NSP
1 2 3 4 5 6 7	Taux de maladie	Oui Non NSP
1 2 3 4 5 6 7	Taux d'accidents	Oui Non NSP
1 2 3 4 5 6 7	Nombre d'actes déviants	Oui Non NSP
1 2 3 4 5 6 7	Nombre de jours perdus pour arrêt de travail	Oui Non NSP
1 2 3 4 5 6 7	Qualité des relations de travail	Oui Non NSP
1 2 3 4 5 6 7	Revenus par nombre d'employés	Oui Non NSP
1 2 3 4 5 6 7	Bénéfice net avant impôt par nombre d'employés	Oui Non NSP
1 2 3 4 5 6 7	Bénéfice net avant impôt par tranche de 100 $ de masse salariale	Oui Non NSP
1 2 3 4 5 6 7	Taux de la masse salariale consacrée à la formation	Oui Non NSP
1 2 3 4 5 6 7	Effort de formation	Oui Non NSP
1 2 3 4 5 6 7	Transfert des apprentissages	Oui Non NSP
1 2 3 4 5 6 7	Mobilité des employés	Oui Non NSP

1.4 La légitimité de l'organisation auprès des groupes externes

La légitimité de l'organisation renvoie à la satisfaction des principaux constituants externes. Elle met en jeu le droit d'exister et d'exploiter des ressources, droit fondé sur la confiance qu'ont les constituants externes dans l'organisation. Elle exprime également la valeur accordée à l'organisation et à ses membres par les groupes externes. La légitimité de l'organisation concerne spécifiquement la satisfaction des bailleurs de fonds, de la clientèle, des organismes régulateurs et de la communauté.

1.4.1 La satisfaction des bailleurs de fonds

Les bailleurs de fonds sont essentiellement les actionnaires, les créanciers et d'une certaine façon les fournisseurs. Les indicateurs choisis pour mesurer la satisfaction de ces groupes d'intérêts sont ceux dont se servent généralement ces groupes pour évaluer la capacité de l'organisation à payer soit les dividendes, soit les emprunts, soit les factures. Trois indicateurs ont été retenus pour ce critère : le bénéfice par action, le ratio du fonds de roulement et le ratio d'endettement.

1.4.1.1 Bénéfice par action

Le bénéfice par action se calcule par l'équation suivante :

$$\frac{\text{Bénéfice disponible pour les actionnaires ordinaires}}{\text{Nombre moyen pondéré d' actions ordinaires en circulation}}$$

Le bénéfice par action mesure le bénéfice provenant de l'exploitation normale d'une entreprise pour chaque action ordinaire du capital émis.

1.4.1.2 Ratio du fonds de roulement

Aussi appelé «ratio d'endettement à court terme», le ratio du fonds de roulement mesure la capacité de l'entreprise à régler rapidement et facilement ses dettes à court terme en indiquant la mesure dans laquelle les actifs à court terme suffisent pour couvrir les passifs à court terme. Le ratio du fonds de roulement est utile à l'ensemble des bailleurs de fonds, notamment aux prêteurs comme les banques, les fiducies, etc.

Ce ratio se calcule ainsi :

$$\frac{\text{Actif à court terme}}{\text{Passif à court terme}}$$

1.4.1.3 RATIO D'ENDETTEMENT

L'équilibre financier est primordial pour le bon fonctionnement de l'organisation. Plusieurs ratios peuvent être calculés pour évaluer le degré d'équilibre financier d'une organisation, tels que le levier financier, les ratios d'endettement et la couverture des frais financiers. Dans ce manuel, un ratio a été retenu, c'est celui du ratio d'endettement à long terme.

Le ratio d'endettement à long terme permet d'évaluer le risque que supporte les actionnaires de la société. Ce ratio permet d'évaluer la portion de financement à long terme qui provient des créanciers. Il se calcule comme suit :

$$\frac{\text{Dette à long terme + Impôts reportés}}{\text{Dette à long terme + Impôts reportés + Avoir des actionnaires}} \times 100$$

1.4.2 LA SATISFACTION DE LA CLIENTÈLE

La satisfaction de la clientèle se définit comme la perception et le jugement de la clientèle selon lesquels l'organisation a su répondre à ses attentes et à ses besoins; en retour, la clientèle fait preuve de fidélité à l'égard de l'organisation. Trois indicateurs sont retenus pour mesurer la satisfaction de la clientèle : la fréquence du non-respect du délai de livraison convenu avec la clientèle, le niveau des ventes et le degré de fidélité de la clientèle.

1.4.2.1 FRÉQUENCE DU NON-RESPECT DU DÉLAI DE LIVRAISON CONVENU AVEC LA CLIENTÈLE

Pour mesurer cet indicateur, il faut comparer systématiquement les dates de livraison prévues (c'est-à-dire celles que l'entreprise s'est engagée à respecter) et les dates des livraisons réelles. Cette comparaison peut donner lieu au ratio suivant :

$$\frac{\text{Nombre de livraisons qui n'ont pas respecté le délai prévu}}{\text{Nombre total de livraisons}} \times 100$$

1.4.2.2 NIVEAU DES VENTES

Pour mesurer le niveau des ventes, on devrait comparer, pour chaque produit ou service (ou chaque ensemble de produits ou services), les revenus d'une période avec celui des périodes précédentes. Cet indicateur de la fidélité de la clientèle a l'avantage d'être peu coûteux. Cependant, même si le niveau des revenus croît, on ne peut pas conclure automatiquement que les mêmes clients en soient la cause d'une période à l'autre. C'est pourquoi il peut être intéressant d'ajouter à ce ratio celui qui suit.

1.4.2.3 DEGRÉ DE FIDÉLITÉ DE LA CLIENTÈLE

On calcule cet indicateur en comparant le nombre de clients d'une période avec le nombre de clients de la période précédente :

$$\frac{\text{Nombre de clients de la période actuelle qui étaient du nombre des clients de la période précédente}}{\text{Nombre de clients de la période précédente}} \times 100$$

Si de grands écarts à la baisse sont constatés entre les achats d'un client pour la période courante et ceux de la période précédente, on doit s'interroger sur les raisons de cette diminution. Si la raison était la diminution des affaires du client (ou d'autres situations similaires), on pourrait alors tout de même conclure à la fidélité du client.

1.4.3 LA SATISFACTION DES ORGANISMES RÉGULATEURS

Ce critère consiste dans le degré auquel l'organisation observe les lois et les règlements qui régissent ses activités. Un indicateur sert à mesurer ce critère : les pénalités versées pour des infractions.

1.4.3.1 PÉNALITÉS VERSÉES POUR INFRACTION

L'indicateur de la satisfaction des organismes régulateurs est directement relié aux pénalités versées pour non-respect des normes de ces organismes. Cet indicateur se mesure par les sommes versées pour payer les infractions aux différents gouvernements et ce, pour un exercice financier donné. L'utilisation au dénominateur de la période couvrant l'exercice financier permet la comparaison des résultats avec ceux des entreprises œuvrant dans le même secteur.

$$\frac{\text{Pénalités versées pour infraction}}{\text{Période couvrant l'exercice financier}}$$

1.4.4 LA SATISFACTION DE LA COMMUNAUTÉ

Ce critère correspond à l'appréciation que fait la communauté des activités et des effets de l'organisation. La communauté réfère à tous les citoyens qui peuvent être en relation ou être affectés par les activités de l'organisation; tout groupe d'intérêts qui peut porter un jugement sur l'entreprise et qui peut déterminer non seulement son image aux yeux du public, mais aussi la légitimité de ses activités dans différents milieux. La légitimité de l'entreprise dépend de sa conduite perçue dans différents domaines valorisés socialement.

Les indicateurs de la satisfaction de la communauté qui reçoivent l'assentiment le plus général sont : le nombre d'emplois créés dans la communauté, la contribution financière de l'organisation à la réalisation des activités communautaires, le degré de développement des avantages sociaux concernant la famille et la disposition écologique des déchets.

1.4.4.1 Nombre d'emplois créés

La «communauté» prend ici le sens de «là où l'entreprise fait affaire». Il devient alors nécessaire de calculer le nombre d'emplois maintenus et créés pour chaque lieu où l'on trouve l'entreprise, dans le monde, si cela s'applique.

Le nombre d'emplois créés devrait être comparé au nombre moyen d'employés pour être en mesure de juger de la stabilité des emplois dans l'entreprise.

1.4.4.2 Contribution financière à la réalisation d'activités communautaires

C'est l'implication financière de l'entreprise dans les domaines sociaux, culturels et sportifs. Cet indicateur s'exprime par le montant versé à différents organismes communautaires, différentes associations ou divers groupes sociaux.

1.4.4.3 Degré de développement des avantages sociaux concernant la famille

Ce sont les avantages accordés aux employés autres que ceux prescrits par les lois inhérentes. Ces avantages peuvent être soit monétaires (par exemple, le financement d'une garderie en milieu de travail) ou non monétaires (par exemple, le temps partagé, le prolongement des congés de maternité, etc.).

Ce sont les mesures prises pour recycler ou disposer des déchets de façon écologique. Pour mesurer cet indicateur, on propose de calculer les montants consacrés à la disposition de façon écologique des déchets au cours des cinq dernières années, afin de faire apparaître la tendance des gestionnaires à investir des sommes pour la protection de l'écologie. Par exemple, pour calculer cet indicateur, il suffit d'additionner les sommes affectées au recyclage et à la disposition des déchets et de diviser le résultat par le nombre d'années qui s'est écoulé depuis 1990.

Un exemple :

$$\frac{\text{Somme des montants investis}}{1996 - 1990}$$

Le tableau 6 résume les indicateurs de la dimension «légitimité de l'organisation auprès des groupes externes». Ce tableau peut servir de référence pour établir l'importance qu'a chaque indicateur pour les gestionnaires d'une entreprise et déterminer quels indicateurs devraient être mesurés pour établir la performance organisationnelle.

TABLEAU 6. Indicateurs de performance : légitimité de l'organisation		
IMPORTANCE DE L'INDICATEUR DE PERFORMANCE POUR LE SUCCÈS À LONG TERME DE L'ENTREPRISE	INDICATEURS DE PERFORMANCE DIMENSION : LÉGITIMITÉ DE L'ORGANISATION	DISPONIBILITÉ DE L'INFORMATION DANS L'ENTREPRISE
Nulle ....Élevée		
1 2 3 4 5 6 7	Bénéfice par action	Oui Non NSP
1 2 3 4 5 6 7	Ratio du fonds de roulement	Oui Non NSP
1 2 3 4 5 6 7	Ratio d'endettement	Oui Non NSP
1 2 3 4 5 6 7	Fréquence du non-respect du délai de livraison	Oui Non NSP
1 2 3 4 5 6 7	Niveau des ventes	Oui Non NSP
1 2 3 4 5 6 7	Fidélité de la clientèle	Oui Non NSP
1 2 3 4 5 6 7	Pénalités versées	Oui Non NSP
1 2 3 4 5 6 7	Nombre d'emplois créés	Oui Non NSP
1 2 3 4 5 6 7	Contribution financière aux activités communautaires	Oui Non NSP
1 2 3 4 5 6 7	Degré de développement des avantages sociaux pour la famille	Oui Non NSP
1 2 3 4 5 6 7	Disposition des déchets	Oui Non NSP

Dans cette partie du manuel, les indicateurs de performance ont été définis de façon opératoire. La méthode d'évaluation qui est ici proposée est relativement simple à utiliser; elle repose sur les jugements des gestionnaires face aux différentes dimensions de la performance de l'entreprise. L'exercice sommaire que cela représente vise à aider les gestionnaires à mettre en place une méthode d'évaluation de la performance de leur entreprise qui soit appropriée au secteur d'activités.

2.   OÙ CHERCHER L'INFORMATION?

Les informations nécessaires à l'évaluation de la performance organisationnelle sont parfois détenues par des personnes, parfois écrites dans des documents (papier ou informatique).

2.1 Le choix des informateurs

Lorsqu'on veut mesurer la performance de l'organisation, on ne peut pas se passer de l'aide des gestionnaires et des employés. Chacun possède de l'information concernant la performance de l'entreprise, mais ce n'est pas tout le monde qui est disposé ou capable de la communiquer à qui de droit. Le problème consiste à identifier qui, dans l'organisation, peut fournir de l'information concernant la performance organisationnelle, c'est-à-dire les informateurs.

Un bon informateur doit avoir un accès direct à l'information requise, et doit, évidemment, être disposé à la communiquer. Il faut aussi qu'il soit capable de fournir l'information sans trop la déformer par ses propres biais ou par ses intérêts personnels. Il est nécessaire qu'il possède de l'expertise ou de la compétence pour donner l'information pertinente et un souci d'objectivité pour donner une information la plus juste ou exacte possible[42].

Plusieurs personnes peuvent être rapidement identifiées. Les directeurs de l'entreprise, le contrôleur, les gérants, certaines personnes de l'extérieur comme le directeur de banque, l'expert-comptable, un délégué régional du ministère de l'Industrie et du Commerce, un expert-conseil en administration. Ces informateurs sont consultés individuellement, car ils possèdent des informations sur des indicateurs très spécifiques. Par contre, des informateurs peuvent être consultés collectivement, comme c'est le cas des consommateurs, des employés, des citoyens, etc.

2.2 Les documents

En plus des informateurs, beaucoup d'informations sont déjà enregistrées dans différents documents de l'organisation, dont en voici une liste :

☐ les états financiers annuels des trois ou cinq dernières années
☐ les statistiques de ventes

- [ ] les mouvements de matières premières (ou des achats)
- [ ] les informations sur les principaux concurrents et sur le secteur d'activités
- [ ] les dossiers financiers présentés aux diverses institutions financières
- [ ] les déclarations financières, statistiques, commerciales et douanières faites aux gouvernements, aux agences de crédit, etc.
- [ ] les documents de promotion des ventes comme les catalogues et les brochures publicitaires
- [ ] les dossiers sur le personnel

Considérant que la principale source de données avec laquelle la majorité des entreprises vont bâtir leur système d'information sur les indicateurs de performance sont les états financiers, nous traiterons donc d'une façon de se servir de ces derniers.

2.2.1 UN CAS PARTICULIER : LES ÉTATS FINANCIERS

L'utilisation des états financiers pour évaluer la performance d'une entreprise est fort discutée. Les états financiers ont été d'une part reconnus comme de bons indicateurs de rentabilité financière, mais aussi critiqués par certains auteurs. On leur reproche notamment d'être insuffisants et peu fiables[43]. Les critiques les plus fréquentes faites aux états financiers pour une analyse comparative sont : la disponibilité insuffisante de données pour l'étude, des exercices financiers qui se terminent à des dates différentes et la diversité des méthodes comptables utilisées par les entreprises.

La venue récente de base de données comprenant un large éventail d'entreprises atténue la première critique. Les deux autres critiques sont peut-être un peu trop sévères puisque l'analyste faisant face à ces problèmes peut envisager au moins deux options qui sont toutes aussi légitimes l'une que l'autre[44] : il peut soit faire les ajustements jugés nécessaires ou tout simplement, ne faire aucun ajustement aux données rapportées. Divers arguments militent en faveur de cette dernière option.

On retrouve la sélection rationnelle des méthodes comptables par les entreprises afin de mieux représenter leurs propres attributs économiques, l'insuffisance d'informations pour faire des ajustements fiables et finalement la possibilité que le contexte dans lequel les états financiers seront utilisés soit indifférent aux choix des méthodes comptables de l'entreprise.

Au cours des dernières années, il y a eu une réduction du nombre de pratiques comptables parfois contradictoires et les comités de normes comptables (tant aux États-Unis qu'au Canada) continuent de formuler des recommandations ayant pour objet d'approuver la validité et souvent l'exclusivité de pratiques comptables particulières[45]. En standardisant les pratiques, ceci laisse moins de latitude aux entreprises quant aux choix des méthodes comptables à utiliser. Les méthodes comptables d'organisations concurrentes peuvent être différentes bien que cette situation soit très défendable[46].

À l'aide des états financiers, on peut déterminer objectivement le niveau de rentabilité d'une entreprise pour un exercice financier donné. Par la suite, en déterminant la rentabilité des entreprises d'un même secteur d'activité et de même taille, on peut établir des standards de performance et situer une entreprise par rapport aux autres.

2.2.1.1 LE RECOURS AUX RATIOS FINANCIERS

Le mode le plus commun dans lequel les données des états financiers sont résumées est sous la forme de ratios. Plusieurs motifs sont évoqués pour l'examen des données sous cette forme. La raison principale est de maîtriser l'effet des différentes tailles d'entreprises (*common size*)[47]. En effet, les ratios permettent de comparer à une norme la rentabilité financière d'une entreprise.

2.2.1.2 COMMENT DÉTERMINER DES ENTREPRISES COMPARABLES À L'ENTREPRISE SOUS ÉTUDE

Une façon de trouver des entreprises comparables, si l'entreprise ne possède pas d'information sur la concurrence, c'est de consulter les différentes sources d'information disponibles : magazines spécialisés, brochures gouvernementales, associations de commerçants, etc. Une autre façon très économique et efficace mise à la disposition du gestionnaire par les bibliothèques est le recours à diverses bases de données accessibles par micro-ordinateur. Par exemple, la base de données CanCorp (*Canadian Corporations*) comprend un très grand nombre d'états financiers d'entreprises. Elle contient des informations financières et managériales extraites de documents de plus de 8 500 entreprises canadiennes (publiques, privés et sociétés de la Couronne). Figurent également à cette base de données des renseignements fournis par *Financial Post Data Group of Canada*.

Avec cette information en main, comment donc pouvoir comparer des pommes avec des pommes puisque ici, il s'agit de porter un jugement sur la rentabilité financière relative d'une organisation vis-à-vis ses semblables. Il faut au préalable établir des règles de comparaison. Ces règles peuvent être les suivantes.

2.2.1.2.1 Règle de la taille des entreprises :

Les entreprises ayant des états financiers dont l'actif était soit 5 fois supérieur ou 5 fois inférieur à l'entreprise sous étude seront disqualifiées pour les fins de comparaison. Par exemple, pour une entreprise dont l'actif était de un million, seules les entreprises du même secteur dont l'actif se situe entre 200 000 $ et 5 millions seront retenues[48]. Pour les états financiers dressés dans une autre monnaie que le dollar canadien, ces états seront convertis au dollar canadien pour appliquer cette règle.

2.2.1.2.2 Règle du secteur d'activité

Les entreprises doivent appartenir au même code S.I.C. (à quatre chiffres) que l'entreprise sous étude.

L'exercice consiste donc à comparer chacune des entreprises à celles dont les conditions d'exploitation sont semblables. Il faut pour cela obtenir, pour un exercice financier donné, le plus grand nombre possible d'états financiers d'entreprises comparables selon la taille et le secteur d'activité.

2.2.1.2.3 Exemple

À partir des états financiers arrêtés à une même date de 7 entreprises de même taille (déterminé en terme d'actif) et appartenant au même secteur (ayant le même code S.I.C.), on calcule leur R.C.I. respectif. Les ayant classées par ordre croissant, on obtient le tableau 7.

TABLEAU 7. Exemple de distribution de fréquence du **R.C.I.** de **7** entreprises dont le **S.I.C.** est **6 311** (compagnie d'assurance) et les actifs compris entre **$ 1 143** et **$ 6 974 (000 000)**

R.C.I.	Actifs
–2.42	1 143
0.45	2 106
0.70	1 241
0.76	1 432
1.03	6 974
2.44	4 538
4.60	1 240

Le tableau 7 fournit une norme à laquelle nous pouvons comparer les entreprises entre elles. Ainsi, on peut situer la performance financière d'une entreprise en relation avec ses pairs.

3. ANALYSER ET INTERPRÉTER LES RÉSULTATS

Mesurer les indicateurs de performance, c'est déjà ça mais cela ne suffit pas : il faut pouvoir les interpréter pour aider à porter un jugement sur l'organisation. Par exemple, une fois que l'on a obtenu le taux de rendement du capital investi d'une organisation (posons 12 %), cet indicateur n'est révélateur d'information sur le niveau de la performance que lorsqu'il sera analysé par rapport à des points de repère, des normes.

Quatre points de repères sont généralement utilisés : 1. le but qui était fixé au préalable (par exemple, ce qui était prévu en début d'exercice), 2. l'évolution dans le temps, la tendance (par exemple, les résultats obtenus au cours des dernières cinq années), 3. une norme sectorielle (par exemple, le rendement d'organisations comparables) et 4. la variabilité de l'indicateur dans le temps. C'est-à-dire l'étendue de la variation d'un indicateur dans le temps. Il va de soi qu'en raison des réalités organisationnelles, il ne sera pas toujours possible d'obtenir les données souhaitées et donc, de faire une analyse avec ces quatre normes. Il faudrait néanmoins rechercher le plus de rigueur possible dans la collecte des données afin de porter un jugement fiable et valide sur la performance de l'organisation. Le tableau 8 présenté ci-après est construit à partir de ces quatre points de repère.

Pour les fins de la mesure, nous proposons de présenter les indicateurs dans un tableau à six colonnes, comme celui du tableau 8. Dans la première colonne, il y a les indicateurs se rapportant à un critère; étant donné la complexité des critères de performance, il est préférable d'avoir au moins deux indicateurs par critère, et le moins possible, pour être parcimonieux et ce, afin de garantir la fidélité et la validité du jugement. Il est possible qu'un même indicateur se retrouve dans plusieurs tableaux et cela n'est pas une erreur ni une faiblesse du modèle, au contraire. La réalité organisationnelle est complexe et la mesure de sa performance, aussi. Lorsque des indicateurs se rapportent à plusieurs dimensions, cela indique qu'il existe des relations de dépendance réciproques entre les quatre dimensions de la performance.

Pour être capable d'interpréter le résultat obtenu pour chaque indicateur, nous suggérons l'utilisation de quatre normes présentées dans les autres colonnes du tableau. La deuxième colonne présenterait le résultat obtenu pour chaque indicateur, la troisième, le résultat attendu (ou la norme fixée), la quatrième, la tendance (ou la norme historique), la cinquième, la norme dans le secteur (ou la norme sectorielle) et la sixième, la variabilité de l'indicateur. Le tableau 8 en donne un exemple.

TABLEAU 8.	ÉCHANTILLON D'INDICATEURS DE PERFORMANCE					

INDICATEUR	RÉSULTAT OBTENU	RÉSULTAT ATTENDU	TENDANCE (5 ANS)	NORME DANS LE SECTEUR	VARIABILITÉ
Rendement sur le capital investi					
Taux de rotation des stocks					
Marge de bénéfice net					
Taux d'absentéisme des employés					
Rendement des employés					
Degré de satisfaction de la clientèle					
Nombre de plaintes faites par la clientèle					
Nombre d'accidents ou de crises ayant un impact sur la santé des personnes, le bon fonctionnement des organisations et la préservation de la nature					
Etc.					

4.   UN EXEMPLE : MESURER LA PERFORMANCE DE L'ENTREPRISE ABC

Voici un exemple pour illustrer l'application de la méthode de mesure qui vient d'être présentée. Les dirigeants de l'entreprise ABC inc., une entreprise fictive, veulent connaître la performance de l'entreprise. Ils ont pris contact avec un expert-comptable, monsieur Lupin, pour la mesurer. Le modèle présenté ici facilite la tâche de l'expert-comptable; toutes les informations que la mesure des indicateurs requiert ont été jugées importantes par les gestionnaires qui ont participé à la présente recherche pour garantir le succès à long terme de l'entreprise. Il peut donc avoir confiance dans la validité de contenu du modèle.

L'exemple qui suit présentera en détail les informations que l'expert-comptable, monsieur Lupin, a collectées pour mesurer les indicateurs de performance, les opérations qu'il a effectuées avec cette information, les comparaisons qu'il a faites à l'aide des normes qui lui étaient disponibles et de la synthèse qu'il a pu faire avec la direction générale lorsqu'il lui a rendu les résultats de son évaluation.

4.1 Vue générale de l'entreprise

Par l'entremise de ses filiales, ABC inc. exploite une entreprise de fabrication et de distribution d'unités de verre scellées, de miroirs ainsi que divers produits dérivés, notamment du cristal. L'entreprise peut satisfaire les besoins du marché en offrant diverses gammes de produits allant des unités de verre fabriquées en série aux unités taillées sur mesure. Manufacturiers de portes et fenêtres, vitriers, manufacturiers de pièces en verre et quincailliers sont les principaux clients de cette entreprise. La qualité des services et la qualité des produits toujours à l'avant-garde, sont des préoccupations très importantes pour les gestionnaires d'ABC. La croissance de l'entreprise et sa présence sur les marchés régionaux laissent entrevoir des perspectives sans limite.

ABC inc. est une société publique, fondée en 1967 en vertu de la Loi sur les sociétés par actions, dont les actions sont inscrites à la Bourse de Montréal.

Organigramme de l'entreprise

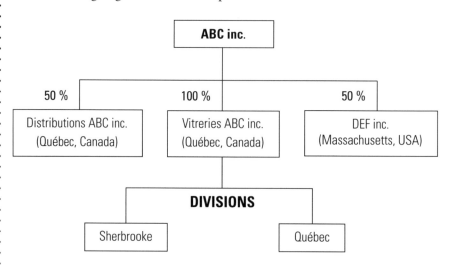

Secteurs géographiques

ABC et ses filiales ont des activités au Canada et aux États-Unis. ABC, dont le siège social est à Montréal, étend ses activités jusque dans le nord est des États-Unis. Elle exploite 4 usines et un centre de distribution qui dessert les grossistes des régions suivantes : Québec, Ontario, New York, Maine et Massachussetts.

Perspectives économiques

L'exercice 19-1 à 19-2 aura été une année stimulante qui ouvre des perspectives d'avenir prometteuses pour ABC inc. Bien que l'industrie de la construction ait connu une diminution des mises en chantier, tout porte à croire que la situation se stabilisera en 19-3 et qu'on assistera à une reprise de l'activité dans le secteur.

Les spécialistes de la Commission de la construction prévoient que le secteur commercial verra son volume d'activités augmenté. Des perspectives encourageantes dans l'industrie de la construction devraient favoriser une progression des revenus pour l'an prochain.

La question environnementale

ABC est sensibilisée à la question environnementale. À Québec notamment, un comité de citoyens a intenté une poursuite contre elle pour les dommages qu'ils subissent à cause de ses activités d'exploitation. Conscientisé par les citoyens, le ministère de l'Environnement du Québec presse ABC d'améliorer sa performance environnementale. Après avoir adopté une politique environnementale, les gestionnaires ont formé un comité sur l'environnement, procédé à une vérification des installations dans les sites d'exploitation et implanté un mode de rapport trimestriel sur la performance environnementale de chaque unité de l'entreprise. En 19-2, ABC inc. a investi 1,2 millions de dollars pour améliorer sa performance environnementale. Une de ses stratégies environnementales vise la gestion des déchets.

Les ressources humaines

Les effectifs s'élevaient à 238 employés en 19-1 et 217 en 19-2, soit 9 % de moins. La réduction des effectifs est principalement causée par le plan de rationalisation. Une politique de préretraite, de programmes d'indemnités de départ et de soutien en réaffectation a été adoptée. Il n'y a pas de syndicat chez ABC. De plus, la société a instauré des programmes de mobilisation pour accroître l'efficacité de l'entreprise dont l'amélioration continue des processus d'affaires. Dans les usines où ces programmes ont été implantés, une meilleure productivité a pu être réalisée et des économies substantielles ont été faites. À Sherbrooke seulement, les employés ont produit des économies de l'ordre de 200 000 $ dans le cadre du programme de performance Eureka.

Le leadership des dirigeants

Les gestionnaires ont pris au sérieux la diminution des affaires au cours des dernières années et la modification des marchés. Ils ont choisi d'améliorer l'efficacité interne des activités et de réduire les coûts pour augmenter les bénéfices. Deux domaines d'activités internes sont visés : une réorganisation des activités d'exploitation et la stratégie de marketing de l'entreprise. Par exemple, ils ont décidé de se départir des actifs non stratégiques, de rationaliser les effectifs et de donner plus de latitude au vendeur pour l'établissement des prix. De telles décisions démontrent la volonté des gestionnaires de profiter au maximum d'une reprise potentielle de l'économie.

4.2 LES ÉTATS FINANCIERS

Monsieur Lupin a obtenu les états financiers suivants : l'état consolidé des résultats, l'état consolidé des bénéfices non répartis et le bilan consolidé. Ces trois états sont présentés dans les pages qui suivent, accompagnés de leurs notes afférentes.

ABC INC. ÉTAT CONSOLIDÉ DES RÉSULTATS EXERCICE TERMINÉ LE 31 MAI 19-2		
	19-2	19-1
Ventes	18 750 132 $	17 971 689 $
Coût des produits vendus	14 504 968	13 687 171
Bénéfice brut	4 245 164	4 284 518
Frais de vente et d'administration	2 624 530	2 172 728
Amortissement	643 080	598 134
Frais financiers	518 251	428 212
	3 785 861	3 199 074
Bénéfice avant quote-part dans le résultat net des sociétés satellites et impôts sur le revenu	459 303	1 085 444
Quote-part dans le résultat net des sociétés satellites	(78 432)	(64 198)
Bénéfice avant impôts sur le revenu	380 871	1 021 246
Impôts sur le revenu		
Exigibles	36 701	284 318
Reportés	66 134	42 480
	102 835	326 798
Bénéfice net	278 036 $	694 448 $
Bénéfice par action	0,04 $	0,11 $

ABC INC. ÉTAT CONSOLIDÉ DES BÉNÉFICES NON RÉPARTIS EXERCICE TERMINÉ LE 31 MAI 19-2		
	19-2	19-1
Bénéfices non répartis au début	1 456 576 $	782 128 $
Ajouter :		
Bénéfice net	278 036	694 448
Déduire :		
Dividendes	30 000	20 000
Bénéfices non répartis à la fin	1 704 612 $	1 456 576 $

. . . **Comment faut-il la mesurer?**

ABC INC.		
BILAN CONSOLIDÉ		
AU 31 MAI 19-2		

	19-2	19-1
ACTIF		
Actif à court terme :		
Encaisse	**3 127 $**	4 128 $
Débiteurs	**2 438 932**	3 118 212
Stocks (note 2)	**1 842 312**	2 174 346
Frais imputables au prochain exercice	**91 212**	118 310
Total de l'actif à court terme	**4 375 583**	5 414 996
Placements (note 3)	**330 457**	282 564
Immobilisations (note 4)	**6 432 127**	6 603 198
Écart d'acquisition	**2 038 942**	2 072 125
Total de l'actif	**13 177 109**	14 372 883
PASSIF ET AVOIR DES ACTIONNAIRES		
Passif à court terme :		
Emprunt bancaire (note 5)	**651 000**	2 320 000
Créditeurs et charges à payer	**2 012 125**	1 991 132
Impôts et taxes à payer	**10 132**	9 863
Total du passif à court terme	**2 673 257**	4 320 995
Débenture (note 6)	**1 951 132**	1 800 000
Impôts sur le revenu reportés	**148 108**	95 312
Total du passif à long terme	**2 099 240**	1 895 312
Avoir des actionnaires :		
Capital-actions (note 7)		
Actions privilégiées	**200 000**	200 000
Actions ordinaires	**6 500 000**	6 500 000
Bénéfices non répartis	**1 704 612**	1 456 576
Total de l'avoir des actionnaires	**8 404 612**	8 156 576
Total du passif et de l'avoir	**13 177 109 $**	14 372 883 $

1. Principales conventions comptables

- *Consolidation*
  Les états financiers consolidés comprennent les comptes de l'entreprise et de ses filiales.

- *Placements*
  Les participations en actions dans les sociétés satellites sont comptabilisées à la valeur de consolidation

- *Stocks*
  Les stocks sont évalués au moindre du coût et de la valeur de réalisation nette, à l'exception des matières premières qui sont évaluées au moindre du coût et de la valeur de remplacement. Le coût des matières premières est déterminé selon la méthode de l'épuisement successif. Les coûts des matières premières, de la main-d'œuvre directe et des frais généraux de fabrication qui composent le coût des produits finis, sont évalués selon la méthode des coûts de fabrication moyens annuels.

- *Immobilisations*
  Les immobilisations sont comptabilisées au coût. L'amortissement est calculé selon la méthode de l'amortissement linéaire, en utilisant les taux annuels suivants :

Bâtiments	5 %
Machinerie	5 %
Outillage	10 %
Équipement informatique	20 %
Améliorations locatives	20 %
Matériel roulant	20 %

- *Impôts sur le revenu reportés*

  L'entreprise pourvoit aux impôts sur le revenu suivant la méthode du report d'impôt. D'après cette méthode, les écarts temporaires entre le revenu comptable et le revenu imposable donnent lieu à des impôts sur le revenu reportés.

- *Écart d'acquisition*

  L'écart d'acquisition résulte de l'excédent du coût des actions des filiales sur la valeur aux livres de leurs actifs nets, à la date d'acquisition, et il est amorti selon la méthode de l'amortissement linéaire sur une période de 40 ans.

- *Bénéfice par action*

  Le bénéfice par action ordinaire a été calculé selon la moyenne mensuelle pondérée du nombre d'actions en circulation au cours de l'exercice.

2. Stocks

	19-2	19-1
Produits finis	568 223 $	604 212 $
Matières premières	1 274 089	1 570 134
	1 842 312 $	2 174 346 $

3. Placements

a) Sociétés satellites

Les participations de 50 % en actions dans les sociétés satellites comptabilisées à leur valeur de consolidation se détaillent comme suit :

	19-2	19-1
Distributions ABC inc.		
20 000 actions catégorie Z	242 439 $	201 472 $
DEF inc.		
4 000 actions ordinaires	53 018	46 092
3 500 actions classe A	35 000	35 000
	330 457 $	282 564 $

4. Immobilisations

	19-2			19-1
	Coût	Amortissement cumulé	Valeur nette	Valeur nette
Terrain	64 000 $	—	64 000	64 000 $
Bâtiments	3 200 000	398 112	2 801 888	2 956 134
Machinerie	2 242 307	214 342	2 027 965	2 061 863
Outillage	864 128	282 110	582 018	692 640
Équipement informatique	712 212	224 111	488 101	284 125
Améliorations locatives	36 000	9 937	26 063	106 212
Matériel roulant	854 137	412 045	442 092	438 224
	7 972 784 $	1 540 657	6 432 127	6 603 108 $

5. Emprunt bancaire

L'emprunt bancaire est garanti par une hypothèque mobilière sans dépossession sur l'universalité des créances et par une garantie sur les stocks en vertu de l'article 427 de la Loi sur les banques.

6. Débenture

Cette débenture non garantie porte intérêt au taux annuel de 9 % calculé mensuellement. Si le 31 janvier 19-9, l'entreprise n'a pas déjà racheté la débenture selon certaines conditions, la débenture sera rachetable en totalité à un prix procurant au détenteur un rendement annuel composé de 15 % (taux auquel ces intérêts sont comptabilisés) incluant les intérêts versés.

7. Capital-actions

Autorisé :
Un nombre illimité d'actions classes suivantes :
Ordinaires, sans valeur nominale, votantes et participantes

Privilégiées, avec la valeur nominale de 1 $, donnant droit de recevoir un dividende fixe, préférentiel et cumulatif de 8 % l'an.

Émis et payé :	19-2	19-1
6 500 000 actions ordinaires	6 500 000 $	6 500 000 $
200 000 actions privilégiées	200 000	200 000
	6 700 000 $	6 700 000 $

8. Éventualité

L'entreprise fait actuellement l'objet d'une poursuite au montant de 1 000 000 $ plus intérêts et dépens relative au soi-disant non-respect des normes de disposition de déchets. Cette poursuite est jugée non fondée considérant les mesures prises par la direction de l'entreprise en matière environnementale. ABC inc. a donc l'intention de la contester.

Mieux informé sur les activités et la situation financière de l'entreprise, monsieur Lupin est allé rencontrer la direction générale de l'entreprise ABC pour connaître son avis sur la pertinence et la disponibilité des indicateurs de performance. La liste qui suit a servi à recueillir ces jugements. Cinq gestionnaires ont assisté à cette rencontre qui s'est déroulée dans la salle du conseil de l'entreprise. La rencontre a duré trois heures. Monsieur Lupin a présenté chaque indicateur aux gestionnaires et ensemble, ils se sont mis d'accord sur le degré d'importance et sur la disponibilité des informations dans l'entreprise. Le tableau 9 présente les résultats de cette rencontre. Un tableau semblable est présenté à l'annexe 2 pour l'usage des experts-comptables.

TABLEAU 9. INDICATEURS DE LA PERFORMANCE ORGANISATIONNELLE

IMPORTANCE DE L'INDICATEUR DE PERFORMANCE POUR LE SUCCÈS À LONG TERME DE L'ENTREPRISE[1]	INDICATEURS DE PERFORMANCE DIMENSION : PÉRENNITÉ DE L'ORGANISATION	DISPONIBILITÉ DE L'INFORMATION DANS L'ENTREPRISE[2]		
Nulle ....Élevée				
1 2 3 4 5 6 **7**	Qualité des produits	**Oui**	Non	NSP
1 2 3 4 5 6 **7**	Qualité des services	**Oui**	Non	NSP
1 2 3 4 5 **6** 7	Rendement du capital investi	**Oui**	Non	NSP
1 2 3 4 5 6 **7**	Marge de bénéfice net	**Oui**	Non	NSP
1 2 3 4 **5** 6 7	Niveau des revenus par secteur	Oui	**Non**	NSP
1 2 3 4 **5** 6 7	Niveau d'exportation	**Oui**	Non	NSP

IMPORTANCE DE L'INDICATEUR DE PERFORMANCE POUR LE SUCCÈS À LONG TERME DE L'ENTREPRISE	INDICATEURS DE PERFORMANCE DIMENSION : EFFICIENCE ÉCONOMIQUE	DISPONIBILITÉ DE L'INFORMATION DANS L'ENTREPRISE		
Nulle ....Élevée				
1 2 3 4 **5** 6 7	Rotation des stocks	**Oui**	Non	NSP
1 2 3 4 5 **6** 7	Rotation des comptes clients	**Oui**	Non	NSP
1 2 3 4 **5** 6 7	Taux de rebuts	Oui	**Non**	NSP
1 2 **3** 4 5 6 7	Taux de réduction du gaspillage	Oui	**Non**	NSP
1 2 **3** 4 5 6 7	Rotation de l'actif total	**Oui**	Non	NSP
1 2 **3** 4 5 6 7	Rotation de l'actif immobilisé	**Oui**	Non	NSP
1 2 3 **4** 5 6 7	Niveau d'activités/ Coût de production	**Oui**	Non	NSP
1 2 **3** 4 5 6 7	Niveau d'activités/ Temps de production	**Oui**	Non	NSP

1. Les chiffres en gras sont les réponses de la direction générale.
2. Les mots en gras sont les réponses de la direction générale.

TABLEAU 9. INDICATEURS DE LA PERFORMANCE ORGANISATIONNELLE (SUITE)		
IMPORTANCE DE L'INDICATEUR DE PERFORMANCE POUR LE SUCCÈS À LONG TERME DE L'ENTREPRISE	INDICATEURS DE PERFORMANCE DIMENSION : VALEUR DES RESSOURCES HUMAINES	DISPONIBILITÉ DE L'INFORMATION DANS L'ENTREPRISE
Nulle ....Élevée		
1 2 3 4 **5** 6 7	Rotation des employés	**Oui** Non NSP
1 2 3 4 5 **6** 7	Taux d'absentéisme	**Oui** Non NSP
1 2 3 4 **5** 6 7	Taux de participation aux activités sociales	**Oui** Non NSP
1 2 3 4 5 **6** 7	Taux de maladie	**Oui** Non NSP
1 2 3 4 5 **6** 7	Taux d'accidents	**Oui** Non NSP
1 2 3 4 5 **6** 7	Nombre d'actes déviants	Oui **Non** NSP
1 2 3 4 5 6 7	Nombre de jours perdus pour arrêt de travail	Oui **Non** NSP
1 2 3 4 5 6 7	Qualité des relations de travail	Oui **Non** NSP
1 2 3 **4** 5 6 7	Revenus par nombre d'employés	**Oui** Non NSP
1 2 3 4 5 6 **7**	Bénéfice net avant impôt par nombre d'employés	**Oui** Non NSP
1 2 3 **4** 5 6 7	Bénéfice net avant impôt par tranche de 100 $ de masse salariale	**Oui** Non NSP
1 2 3 4 **5** 6 7	Taux de la masse salariale consacré à la formation	**Oui** Non NSP
1 2 3 4 **5** 6 7	Effort de formation	**Oui** Non NSP
1 2 3 4 **5** 6 7	Transfert des apprentissages	Oui **Non** NSP
1 2 3 4 5 **6** 7	Mobilité des employés	Oui **Non** NSP

TABLEAU 9. INDICATEURS DE LA PERFORMANCE ORGANISATIONNELLE (SUITE ET FIN)		
IMPORTANCE DE L'INDICATEUR DE PERFORMANCE POUR LE SUCCÈS À LONG TERME DE L'ENTREPRISE	INDICATEURS DE PERFORMANCE DIMENSION : LÉGITIMITÉ DE L'ORGANISATION	DISPONIBILITÉ DE L'INFORMATION DANS L'ENTREPRISE
Nulle ....Élevée		
1 2 3 4 5 6 **7**	**Bénéfice par action**	**Oui** Non NSP
1 2 3 4 **5** 6 7	**Ratio du fonds de roulement**	**Oui** Non NSP
1 2 **3** 4 5 6 7	**Ratio d'endettement**	**Oui** Non NSP
1 2 3 4 5 6 **7**	**Fréquence du non-respect du délai de livraison**	**Oui** Non NSP
1 2 3 4 5 **6** 7	**Niveau des ventes**	**Oui** Non NSP
1 2 3 4 5 **6** 7	**Fidélité de la clientèle**	Oui **Non** NSP
1 2 3 4 5 **6** 7	**Pénalités versées**	Oui **Non** NSP
1 2 3 4 5 **6** 7	**Nombre d'emplois créés**	Oui **Non** NSP
1 2 3 4 5 6 **7**	**Contribution financière aux activités communautaires**	**Oui** Non NSP
1 2 3 4 5 **6** 7	**Degré de développement des avantages sociaux pour la famille**	Oui **Non** NSP
1 2 3 4 5 6 **7**	**Disposition des déchets**	**Oui** Non NSP

À la suite de cette rencontre, monsieur Lupin a établi la liste des informations nécessaires pour mesurer les indicateurs retenus par la direction générale de l'entreprise ABC. Il a pris rendez-vous avec les gestionnaires et les personnes qui pouvaient lui communiquer l'information nécessaire et il a aussi consulté les publications spécialisées pour obtenir les renseignements sur les concurrents et sur le secteur d'activités de l'entreprise ABC.

Le tableau 10 présente la liste des informations qu'a collectées monsieur Lupin, au cours de ses recherches. Grâce à la collaboration des gestionnaires et des employés de l'entreprise, il a pu rassembler toutes ces informations dans l'espace d'une semaine. Un tableau semblable est présenté à l'annexe 3 pour l'usage des experts-comptables.

TABLEAU 10.	LISTE DES INFORMATIONS NÉCESSAIRES POUR LA MESURE DE LA PERFORMANCE ORGANISATIONNELLE	
INFORMATION REQUISE	**SOURCE**	**RÉSULTAT**
bénéfice net avant impôt	état des résultats	380 871 $
coût des produits vendus	journal des achats et registre des stocks	14 504 968 $
ventes nettes ou revenu net	journal des ventes	18 750 132 $
intérêts débiteurs	journal général	518 251 $
charge d'impôts	déclarations fiscales	102 835 $
bénéfice net	état des résultats	278 036 $
comptes clients bruts moyens	auxiliaire des comptes clients	2 778 572 $
ventes à crédit de l'exercice	journal des ventes	17 680 100 $
stocks moyens	registre des stocks	2 008 329 $
achats	journal des achats	14 172 934 $
honoraires créditeurs	état des résultats	S.O.
masse salariale	journal des salaires	9 520 042 $
actif à court terme	bilan	4 375 583 $
actif total	bilan	13 177 109 $
actif total moyen	bilan	13 774 996 $
passif à court terme	bilan	2 673 257 $
dette à long terme	bilan	1 951 132 $
avoir des actionnaires	bilan	8 404 612 $
bénéfice disponible pour les actionnaires ordinaires	état des B.N.R., bilan et registre des actionnaires	278 036 $
nombre moyen pondéré d'actions ordinaires en circulation	registre des actionnaires	6 500 000
période couvrant l'exercice financier	état des résultats	12 mois
nombre de jours ouvrables	calendrier	240
impôts reportés	bilan	148 108 $

INFORMATION REQUISE	SOURCE	RÉSULTAT
nombre d'articles vendus	registre des stocks et journal des ventes	38 642
revenus dans chaque région (tous produits/services confondus)	journal des ventes et répartition géographique	Qc : 7 818 442 Ont : 5 789 654 NY : 1 471 036 Maine : 542 728 Mass. : 3 128 272
revenus réalisés par les concurrents dans chaque région	rapports annuels des concurrents et publications d'entreprises spécialisées	N/D
revenus pour le produit/service A (toutes régions confondues)	journal des ventes	S.O.
revenus réalisés par les concurrents pour le produit/service A	rapports annuels des concurrents et publications d'entreprises spécialisées	S.O.
revenus gagnés à l'étranger	journal des ventes et répartition géographique	5 142 036 $
nombre de retours	registre du service à la clientèle	1 738
valeur en $ des retours	journal des ventes	625 132 $
nombre de plaintes formulées par la clientèle	registre du service à la clientèle	38
nombre de services rendus à la clientèle	registre du service à la clientèle	1 918
nombre de livraisons qui n'ont pas respecté le délai prévu	registre des expéditions	42
nombre total de livraisons	registre des expéditions	1 500
nombre de clients de la période actuelle qui étaient du nombre de clients de la période précédente	liste des clients par période	202
nombre de clients de la période précédente	liste des clients par période	212
rebuts de matières premières	registre du service de la production	N/D

TABLEAU 10.	LISTE DES INFORMATIONS NÉCESSAIRES POUR LA MESURE DE LA PERFORMANCE ORGANISATIONNELLE (SUITE)	
INFORMATION REQUISE	**SOURCE**	**RÉSULTAT**
quantité produite	registre du service de la production	36 422
bris/perte de produits en cours ou finis	registre du service de la production	20 000 $
gaspillage durant chaque période	comparaison des coûts entre les périodes en tenant compte de l'inflation	N/D
mesures prises pour recycler ou disposer des déchets de façon écologique	renseignements obtenus des différents services	Investissement 1 200 000 $ depuis 1990
nombre moyen d'employés réguliers	journal des salaires	217
heures de main-d'œuvre directe	journal des salaires	310 800
nombre de départs volontaires	registre des ressources humaines ou de ce qui en fait office	6
nombre de jours-personne d'absence	registre des différents services	542
nombre d'employés qui participent à une activité sociale donnée	registre des différents services et du comité social	175 (en moyenne)
nombre d'employés invités à participer à une activité sociale donnée	registre des différents services et du comité social	217
nombre d'activités sociales organisées	registre des différents services et du comité social	6
nombre d'employés affectés par la maladie	registre des différents services	33

INFORMATION REQUISE	SOURCE	RÉSULTAT
nombre d'accidents signalés	registres des différents services et des ressources humaines	23
nombre de jours/personne payé	journal des salaires	52 080 (240 × 217)
augmentation/diminution des ventes	journal des ventes	+ 4,33 %
nombre d'actes déviants	registres des services, du service de sécurité et des ressources humaines	N/D
nombre de jours perdus pour un arrêt de travail	registre des ressources humaines	N/A
nombre de griefs	registre des ressources humaines	S/O
nombre d'heures de formation par année	registre des ressources humaines	4 300
taux de la masse salariale consacrée à la formation	registre des ressources humaines	1,8 %
nombre d'employés qui ont changé de poste dans l'entreprise	registre des ressources humaines	22
nombre d'emplois créés	registre des ressources humaines	−21
avantages sociaux concernant la famille accordés aux employés autres que ceux prescrits par les lois	registre des ressources humaines	N/D
montant versé à différents organismes communautaires, différentes associations ou divers groupes sociaux	budget des services ou budget du marketing	26 000 $
pénalités versées pour infractions	grand livre général	18 000 $
immobilisation moyenne	bilan	6 517 663 $

Avec ces informations, monsieur Lupin était prêt pour effectuer les calculs des indicateurs de performance. Le tableau 11 présente les calculs qu'il a fait et les résultats qu'il a obtenus. Un tableau semblable est présenté à l'annexe 4 pour l'usage des experts-comptables.

TABLEAU 11. CALCUL DES INDICATEURS DE PERFORMANCE

INDICATEURS	RÉSULTATS	
LA PÉRENNITÉ DE L'ORGANISATION		
LA QUALITÉ DES PRODUITS/SERVICES		
Qualité des produits		
$\dfrac{\text{Nombre de retours}}{\text{Nombre d'articles vendus}} \times 100$	$\dfrac{1\,738}{38\,642} \times 100$	4,5 %
OU		
$\dfrac{\text{Valeurs en dollars des retours}}{\text{Revenus totaux}} \times 100$	$\dfrac{625\,132}{18\,750\,132} \times 100$	3,33 %
Qualité des services		
$\dfrac{\text{Nombre de plaintes}}{\text{Nombre de services rendus}} \times 100$	$\dfrac{38}{1\,918} \times 100$	1,98 %
La rentabilité financière		
Rendement du capital investi (R.C.I.)		
$\dfrac{\text{Bénéfice net + les impôts + les intérêts}}{\text{Actif total}} \times 100$	$\dfrac{278\,036 + 102\,835 + 518\,251}{13\,177\,109} \times 100$	6,82 %
Marge de bénéfice net		
$\dfrac{\text{Bénéfice net}}{\text{Revenu net}} \times 100$	$\dfrac{278\,036}{18\,750\,132} \times 100$	1,48 %
LA COMPÉTITIVITÉ		
Niveau des revenus par secteur		
$\dfrac{\text{Revenus dans chaque région (tous produits / services)}}{\text{Revenus totaux réalisés par l'entreprise et ses concurrents dans chaque région}} \times 100$	N/D	
$\dfrac{\text{Revenus dans chaque région (tous produits / services)}}{\text{Revenus totaux réalisés par l'entreprise et ses concurrents dans chaque région}} \times 100$	N/D	
Niveau d'exportation		
$\dfrac{\text{Revenus gagnés à l'étranger}}{\text{Revenus totaux}} \times 100$	$\dfrac{5\,142\,036}{18\,750\,132} \times 100$	27,42 %

TABLEAU 11. **Calcul des indicateurs de performance (suite)**

Indicateurs	Résultats	
L'efficience économique		
L'economie des ressources		
Rotation des stocks		
ou durée moyenne de stockage		
$\dfrac{\text{Coût des produits vendus}}{\text{Stocks moyens}}$	$\dfrac{14\,504\,968}{2\,008\,329}$	7,22
Rotation des comptes clients ou		
délai de recouvrement des comptes clients		
$\dfrac{\text{comptes clients bruts moyens}}{\text{ventes à crédit de l'exercice}} \times 365$	$\dfrac{2\,778\,572}{17\,680\,100} \times 365$	57 jours
Taux de rebuts		
$\dfrac{\text{Rebuts de matières premières}}{\text{Achats}} + \dfrac{\text{Bris / Perte de produits en cours ou finis}}{\text{Ventes}} \times 100$	$\dfrac{20\,000}{18\,750\,132} \times 100$	0,11 %
Pourcentage de réduction du gaspillage		
$\dfrac{\text{Gaspillage période A — Gaspillage période B}}{\text{Gaspillage période A}} \times 100$	N/D	
La productivité		
Rotation de l'actif total		
$\dfrac{\text{Revenus}}{\text{Actif total moyen}}$	$\dfrac{18\,750\,132}{13\,774\,996}$	1,36
Rotation de l'actif immobilisé		
$\dfrac{\text{Revenus}}{\text{Immobilisations moyennes}}$	$\dfrac{18\,750\,132}{6\,517\,663}$	2,88

INDICATEURS	RÉSULTATS

TABLEAU 11. Calcul des indicateurs de performance (suite)

LA PRODUCTIVITÉ (SUITE)

Niveau d'activités par rapport aux coûts de production

modèle général :

$$\frac{\text{Quantités produites}}{\text{Coût de fabrication}}$$

modèle choisi :

$$\frac{\text{Ventes}}{\text{Coût des ventes}}$$

$$\frac{18\ 750\ 132}{14\ 504\ 968} \qquad 1,29$$

Niveau d'activités par rapport au temps de production

modèle général :

$$\frac{\text{Quantités produites(bien ou service)}}{\text{Heures de main} - \text{d'œuvre directe}}$$

modèle choisi :

$$\frac{\text{Ventes}}{\text{Heures de main} - \text{d'œuvre directe}}$$

$$\frac{18\ 750\ 132}{310\ 800} \qquad 60,33$$

LA VALEUR DES RESSOURCES HUMAINES

LA MOBILISATION DES EMPLOYÉS

Taux de rotation des employés

$$\frac{\text{Nombre de départs volontaires}}{\text{Nombre moyen d'employés réguliers}} \times 100$$

$$\frac{6}{217} \times 100 \qquad 2,76\ \%$$

Taux d'absentéisme

$$\frac{\text{Nombre de jours} - \text{personne d'absence}}{\text{Nombre de jours} - \text{personne payés}} \times 100$$

$$\frac{542}{52\ 080} \times 100 \qquad 1,04\ \%$$
$$(217 \times 240)$$

INDICATEURS	RÉSULTATS

TABLEAU 11. Calcul des indicateurs de performance (suite)

La valeur des ressources humaines (suite)

Le climat de travail

Taux de participation aux activités sociales

$$\dfrac{\text{Nombre d'employés qui participent}}{\text{Nombre d'employés invités à participer}} \times 100$$

$$\dfrac{175}{217} \times 100 \qquad 80,6\ \%$$

Taux de maladie

$$\dfrac{\text{Nombre d'employés affectés par la maladie}}{\text{Nombre moyen d'employés}} \times 100$$

$$\dfrac{33}{217} \times 100 \qquad 15,2\ \%$$

Taux d'accidents

$$\dfrac{\text{Nombre d'accidents signalés}}{\text{Nombre de jours} - \text{personne travaillés}} \times 100$$

$$\dfrac{23}{52\ 080} \times 100 \qquad 0,044\ \%$$
$$(240 \times 217)$$

Ratio d'actes déviants

$$\dfrac{\text{Nombre d'actes déviants}}{\text{Nombre moyen d'employés}}$$

N/D

Nombre de jours perdus à cause d'un arrêt de travail

$$\dfrac{\text{Nombre de jours pour un arrêt de travail}}{\text{Nombre de jours ouvrables}} \times 100$$

N/A

Qualité des relations de travail

$$\dfrac{\text{Nombre de griefs}}{\text{Période couvrant l'exercice financier}}$$

N/A

Le rendement des employés

Revenus par employé

$$\dfrac{\text{Revenus}}{\text{Nombre moyen d'employés}}$$

$$\dfrac{18\ 750\ 132}{217} \qquad 86\ 406\ \$$$

Bénéfice net avant impôt par employé

$$\dfrac{\text{Bénéfice net avant impôt}}{\text{Nombre moyen d'employés}}$$

$$\dfrac{380\ 871}{217} \qquad 1\ 755\ \$$$

Comment faut-il la mesurer?

TABLEAU 11. Calcul des indicateurs de performance (suite)

Indicateurs	Résultats
La valeur des ressources humaines (suite)	
Bénéfice net avant impôt par tranche de 100 $ de masse salariale	
$$\dfrac{\text{Bénéfice net avant impôt}}{\text{Tranches de 100 \$ de masse salariale}}$$	$\dfrac{380\,871}{9\,520\,042\,/\,100}$ 4 $
Le développement des employés	
Excédent du taux de la masse salariale consacrée à la formation	
Taux réel — Taux prescrit	1,8 % — 1 % + 0,8 %
Effort de formation	
$$\dfrac{\text{Nombre d'heures de formation par année}}{\text{Nombre moyen d'employés}}$$	$\dfrac{4\,300}{217}$ 19,8 heures
Transfert des apprentissages	N/D
Mobilité des employés	
$$\dfrac{\text{Nombre d'employés qui ont changé de postes dans l'entreprise}}{\text{Nombre moyen d'employés}} \times 100$$	N/A
La légitimité de l'organisation auprès des groupes externes	
La satisfaction des bailleurs de fonds	
Bénéfice par action	
$$\dfrac{\text{Bénéfice disponible pour les actionnaires ordinaires}}{\text{Nombre moyen pondéré d'actions ordinaires en circulation}}$$	$\dfrac{278\,036}{6\,500\,000}$ 0,04 $
Ratio du fonds de roulement	
$$\dfrac{\text{Actif à court terme}}{\text{Passif à court terme}}$$	$\dfrac{4\,375\,583}{2\,673\,257}$ 1,64
Ratio d'endettement	
$$\dfrac{\text{Dette à long terme + impôts reportés}}{\text{Dette à long terme + impôts reportés + avoir des actionnaires}} \times 100$$	$\dfrac{1\,951\,132 + 148\,108}{1\,951\,132 + 148\,408 + 8\,404\,612} \times 100$ 19,99 %

TABLEAU 11. Calcul des indicateurs de performance (suite et fin)

INDICATEURS	RÉSULTATS

LA LÉGITIMITÉ DE L'ORGANISATION AUPRÈS DES GROUPES EXTERNES (SUITE)

LA SATISFACTION DE LA CLIENTÈLE

Fréquence du non-respect du délai de livraison convenu avec la clientèle

$$\frac{\text{Nombre de livraisons qui n'ont pas respecté le délai prévu}}{\text{Nombre total de livraisons}} \times 100 \qquad \frac{42}{1\,500} \times 100 \qquad 2,8\,\%$$

$$+\,4,33\,\%$$

Niveau des ventes

Degré de fidélité de la clientèle

$$\frac{\substack{\text{Nombre de clients de la période} \\ \text{actuelle qui étaient du nombre} \\ \text{des clients de la période précédente}}}{\text{Nombre de clients de la période précédente}} \times 100 \qquad \frac{202}{212} \times 100 \qquad 95,3\,\%$$

LA SATISFACTION DES ORGANISMES RÉGULATEURS

Pénalités versées pour infractions

$$\frac{\text{Pénalités versées pour infractions}}{\text{Période couvrant l'exercice financier}} \qquad \frac{18\,000\,\$}{12\,\text{mois}} \qquad 18\,000\,\$$$

LA SATISFACTION DE LA COMMUNAUTÉ

Nombre d'emplois créés

$$\frac{\text{Nombre d'emplois créés}}{\text{Nombre moyen d'employés}} \times 100 \qquad \frac{-21}{217} \times 100 \qquad -9,68\,\%$$

Contribution financière à la réalisation d'activités communautaires
Montant versé à différents organismes communautaires, différentes associations ou divers groupes sociaux

26 000 $

Degré de développement des avantages sociaux concernant la famille
Avantages sociaux concernant la famille accordés aux employés autres que ceux prescrits par les lois inhérentes

N/D

Disposition des déchets[1]
Mesures prises pour recycler ou disposer des déchets de façon écologique

1 200 000 $/6 ans   200 000 $

---

[1] Montant investi en environnement depuis 1990

Les résultats des indicateurs de performance prennent du sens lorsqu'ils peuvent être comparés avec des normes. Ces dernières peuvent être : les objectifs fixés au début de l'exercice financier, les résultats déjà obtenus par l'entreprise au cours des cinq dernières années et les normes du secteur. Plusieurs de ces normes n'étaient pas connues de monsieur Lupin. Certaines normes du secteur pouvaient être obtenues dans les publications spécialisées; dans tous les cas, les gestionnaires avaient des objectifs pour l'exercice en cours. Aussi, monsieur Lupin alla chercher ces renseignements auprès des gestionnaires et de ses collaborateurs. Il put ainsi comparer les résultats avec des normes, ce qui lui permit de faire l'analyse et l'interprétation des indicateurs de performance qu'il avait mesurés. Le tableau 12 résume les résultats qu'il a obtenus. Un tableau semblable est présenté à l'annexe 5 pour l'usage des experts-comptables.

TABLEAU 12. COMPARAISON DES INDICATEURS AVEC LES NORMES

INDICATEURS		NORMES			
	OBTENU	OBJECTIF	NORME DU SECTEUR	TENDANCE (5 ANS)	VARIABILITÉ
INDICATEURS DE LA PÉRENNITÉ DE L'ORGANISATION					
Qualité des produits/services					
Qualité des produits	4,5 %	5 %	5 %		
Qualité des services	1,98 %	2 %	2,2 %		
Rentabilité financière					
Rendement du capital investi	6,82 %	8 %	8,5 %		
Marge de bénéfice net	1,48 %	2,5 %	2,5 %		
Compétitivité					
Niveau des revenus par secteur	N/D	—	—		
Niveau d'exportation	27,42 %	25 %	—		
INDICATEURS DE L'EFFICIENCE ÉCONOMIQUE					
Économie des ressources					
Rotation des stocks	7,22	7	6,5		
Rotation des comptes clients	57 j.	40 j.	40 j.		
Taux de rebuts	0,11 %	—	—		
Pourcentage de gaspillage	N/D	—	—		

TABLEAU 12. COMPARAISON DES INDICATEURS AVEC LES NORMES (SUITE)

INDICATEURS	OBTENU	OBJECTIF	NORMES NORME DU SECTEUR	TENDANCE (5 ANS)	VARIABILITÉ
INDICATEURS DE L'EFFICIENCE ÉCONOMIQUE (SUITE)					
Productivité					
Rotation de l'actif total	1,36	1,50	1,40		
Rotation de l'actif immobilisé	2,88	3,00	3,10		
Niveau d'activités/coûts de production	1,29	1,10	1,20		
Niveau d'activités/temps de production	60,33	55,00	60,00		
INDICATEURS DE LA VALEUR DES RESSOURCES HUMAINES					
Mobilisation des employés					
Taux de rotation des employés	2,76 %	2 %	1,50 %		
Taux d'absentéisme	1,04 %	0,75 %	0,60 %		
Climat de travail					
Taux de participation aux activités sociales	80,6 %	80 %	N/D		
Taux de maladie	15,2 %	10 %	11 %		
Taux d'accidents	0,044 %	0,03 %	0,025 %		
Ratio d'actes déviants	—	—	N/D		

TABLEAU 12. Comparaison des indicateurs avec les normes (suite)

Indicateurs	Obtenu	Objectif	Norme du secteur	Tendance (5 ans)	Variabilité
			Normes		
Indicateurs de la valeur des ressources humaines (suite)					
Nombre de jours perdus à cause d'un arrêt de travail	N/A	—	—		
Qualité des relations de travail	N/A	—	—		
Rendement des employés					
Revenus par employé	86 406 $	90 000 $	N/D		
Bénéfice net avant impôt par employé	1 755 $	1 850 $	N/D		
Bénéfice net avant impôt par tranche de 100 $ de masse salariale	4 $	4 $	4,1 $		
Développement des employés					
Excédent du taux de la masse salariale à la formation	0,8 %	0,8 %	N/D		
Effort de formation	19,8 hr	16 hr	N/D		
Transfert des apprentissages	—	—	N/D		
Mobilité des employés	—	—	N/D		
Indicateurs de la légitimité de l'organisation auprès des groupes externes					
Satisfaction des bailleurs de fonds					
Bénéfice par action	0,04 $	0,8 $	0,8 $		

TABLEAU 12. Comparaison des indicateurs avec les normes (suite et fin)

Indicateurs	Obtenu	Objectif	Normes		
			Norme du secteur	Tendance (5 ans)	Variabilité
Indicateurs de la légitimité de l'organisation auprès des groupes externes (suite)					
Ratio du fonds de roulement	1,64	1,50	1,30		
Ratio d'endettement	19,99 %	20 %	20 %		
Satisfaction de la clientèle					
Fréquence du non respect du délai de livraison convenu avec la clientèle	2,8 %	2,6 %	N/D		
Niveau des ventes	+4,33 %	+4,5 %	+4 %		
Degré de fidélité de la clientèle	95,3 %	98 %	N/D		
Satisfaction des organismes régulateurs					
Pénalités versées pour infraction	18 000 $	0	N/D		
Satisfaction de la communauté					
Taux d'emplois créés	– 9,68 %	– 10 %	N/D		
Contribution financière à la réalisation d'activités communautaires	26 000 $	30 000 $	N/D		
Degré de développement des avantages sociaux concernant la famille	—	—	N/D		
Disposition des déchets	200 000 $	200 000 $	N/D		

Après avoir donné le compte-rendu sur les indicateurs de performance, l'expert-comptable a demandé aux directeurs de la société ABC inc. de juger les critères de performance individuellement, à l'aide du tableau 13. Il leur proposa d'évaluer la performance sur une échelle en cinq points : 1. très mauvaise, 2. mauvaise, 3. acceptable, 4. bonne et 5. très bonne. Chacun prit quelques minutes pour considérer les bons et les moins bons résultats présentés dans le tableau 12 et pour inscrire ses jugements pour chaque critère et chaque dimension à l'endroit approprié dans le tableau. Lorsque tous les directeurs eurent fait leur idée, l'expert-comptable leur demanda d'exposer leur jugement sur les critères de la dimension «pérennité». Chacun à son tour donna son point de vue. Lorsque tous eurent exprimé leur avis, l'expert-comptable leur demanda de porter ensemble un jugement sur les critères de cette dimension (évaluation des critères), puis sur l'ensemble des critères (évaluation de la dimension).

Il répéta cette procédure pour les trois autres dimensions. Quand les quatre dimensions furent évaluées, l'expert-comptable anima la discussion sur la performance générale de l'entreprise. Les directeurs s'accordèrent pour la juger acceptable. Monsieur Lupin s'est servi du tableau 13 pour présenter le consensus établi par les directeurs de l'entreprise ABC. Un tableau semblable est présenté à l'annexe 6 pour l'usage des experts-comptables.

TABLEAU 13. Tableau synthèse de la performance de l'entreprise ABC[1]			
Jugement général : 3			
Pérennité de l'organisation		**Efficience économique**	
Jugement global : 3		Jugement global : 3	
	Jugement		Jugement
Qualité du produit	3	Économie des ressources	3
Rentabilité financière	2	Productivité	3
Compétitivité	3		
Valeurs des ressources humaines		**Légitimité de l'organisation auprès des groupes externes**	
Jugement global : 2		Jugement global : 2	
	Jugement		Jugement
Mobilisation des employés	2	Satisfaction des bailleurs de fonds	3
Climat de travail	2	Satisfaction de la clientèle	3
Rendement des employés	2	Satisfaction des organismes régulateurs	1
Développement des employés	5	Satisfaction de la communauté	2

[1] Directives : Évaluez chaque critère à l'aide des renseignements fournis par les indicateurs de performance sur une échelle en cinq points : 1. très mauvaise, 2. mauvaise, 3. acceptable, 4. bonne et 5. très bonne. Indiquez votre jugement à côté du critère évalué. Puis, évaluez chaque dimension en vous servant des renseignements fournis par les critères sur la même échelle et écrivez votre jugement sous le nom de la dimension évaluée.

Par exemple :

Efficience économique

Jugement global : acceptable

Jugement

Économie des ressources   acceptable

5. LA MISE EN PLACE DES PROCÉDURES D'ÉVALUATION

L'objectif de cette partie du manuel est d'expliquer les différents éléments que le CGA doit considérer lorsque la direction de l'entreprise opte pour la mise en place d'un système informatisé sur les indicateurs de performance. Pour ce faire, nous ferons appel au domaine des systèmes d'information. Ce domaine, pour sa part, a recours pour l'analyse, la conception et la mise en place d'un tel système, au concept de tableau de bord. Également, le nom qui est donné au type de système qui serait le plus approprié, pour rendre opératoire sur support informatique un tableau de bord regroupant les indicateurs de performance, est le S.I.D., soit le Système d'Information pour Dirigeant, de l'anglais E.I.S. *(Executive Information Systems).*

Il convient toutefois de faire une mise en garde. Il faut garder à l'esprit que les éléments qui sont présentés ici pourraient ne pas convenir à l'entreprise : chaque entreprise est différente et possède ses propres systèmes d'information de gestion. De plus, certaines entreprises possèdent un service informatique complet avec un groupe d'analystes, de programmeurs, de gestionnaires de projet, etc. Le but visé ici est de proposer, parmi la multitude de possibilités, des éléments pertinents à considérer pour la mise en place d'un système d'information sur les indicateurs de performance. Cette section vise à combler, en partie, les lacunes des documents publiés ainsi que les conférences qui traitent des indicateurs de performance, à savoir l'absence d'information sur les éléments de gestion à considérer lors de la mise en place d'un système informatisé traitant des indicateurs de performance.

Par ailleurs, la direction de l'entreprise peut décider de collecter des informations sur les indicateurs de performance ainsi que les mises à jour inhérentes, sous une forme qui ne requiert pas un support informatique et ce, pour divers motifs. Par exemple, en raison de sa petite taille, une entreprise peut opérer sans utiliser l'informatique et donc décider de tenir les informations sur les indicateurs manuellement. Dans ce cas, la direction a toute latitude quant à sa façon de tenir à jour les informations sur les indicateurs de performance. Ceci étant dit, la majorité des entreprises où le

CGA intervient opère dans un cadre où les outils informatiques et leurs produits dérivés sont très présents.

5.1 Première étape et principe premier : bâtir sur ce qui existe déjà!

Deux possibilités sont offertes au CGA quant au développement de la méthode de mesure des indicateurs de performance qu'une entreprise décide d'adopter. La première possibilité demande à des acteurs organisationnels (cadres de la haute direction, cadres opérationnels voire même des membres du personnel d'exécution) une réflexion complète en matière d'indicateurs désirés et pertinents. Pour cet exercice, on part souvent de rien et l'on dresse une liste d'indicateurs qui permettront de représenter, le plus fidèlement possible, la performance globale de l'entreprise et ce, au fil du temps. Cet exercice est laborieux parce qu'il mobilise, pour une certaine période, beaucoup de personnes. En effet, s'il n'est pas pris au sérieux, cet exercice traîne en longueur; maintes expériences passées démontrent que cet exercice à lui seul a fait avorter bien des projets prometteurs. Bien que la formulation des indicateurs, via un effort soutenu de membres de l'entreprise, représente, d'un point de vue conceptuel, la meilleure façon de déterminer les indicateurs de performance, il faut du même coup considérer le haut degré de participation et d'implication que cela demande à chaque acteur organisationnel.

Une autre possibilité existe. Elle est tout aussi valable, mais elle est plus économique que la première. Elle consiste à bâtir sur de l'existant. C'est pourquoi les indicateurs de performance répertoriés dans la section précédente seront d'une grande utilité.

Les entreprises, tout comme les personnes, sont différentes à bien des égards, mais possèdent tout de même des attributs communs. En effet, notre étude sur le terrain auprès des entreprises rencontrées nous a permis de constater qu'un ensemble constant d'indicateurs de performance était jugé très important et tenu à jour par toutes les entreprises. Pourtant ces entreprises sont très différentes tant par leur taille que par leur secteur d'activités[49]. On peut donc considérer que la méthode proposée dans ce manuel est générale, car elle peut s'appliquer à différents types d'organisation.

Les dirigeants de l'entreprise peuvent donc déterminer, à l'aide du modèle de la performance organisationnelle proposé ici et de la liste des 40 indicateurs de performance, quels sont les indicateurs les plus appropriés afin de mieux représenter la performance globale de l'entreprise. Au risque de se répéter, l'objectif est de sélectionner les indicateurs qui représentent le mieux la performance organisationnelle de l'entreprise.

Les indicateurs retenus doivent être stimulants, de sorte que les membres de l'organisation perçoivent le système de performance comme une émulation : on peut même se permettre de penser que de bons indicateurs, perçus comme de mauvais indicateurs, seront de mauvais indicateurs. Finalement, la nature humaine étant ce qu'elle est, une entreprise n'obtiendra des résultats intéressants que pour les indicateurs de performance que les gestionnaires auront choisi de mesurer.

5.2 Deuxième étape : analyser les indicateurs de performance disponibles dans le système d'information

La plupart des systèmes d'information que l'on rencontre dans les entreprises sont basés sur le modèle comptable, donc générateur en tout premier lieu d'indicateurs de performance financière et de productivité. L'enthousiasme aidant, certains pourraient être portés à vouloir instaurer un tout nouveau système d'information qui rendrait compte de la performance globale de l'entreprise alors que d'autres, pour divers motifs, seront plutôt d'avis d'implanter graduellement un tel système d'information. Ces deux situations sont abordées ci-après.

5.2.1 La mise en place d'un nouveau système d'information : le S.I.D.

Il existe un système d'information qui a pour objet de rendre compte de la performance globale d'une entreprise: c'est le S.I.D.

(Système d'Information pour Dirigeant). Un S.I.D. est un système d'information conçu principalement à l'intention des directeurs d'une organisation. L'objectif principal d'un tel système est de fournir à ces gestionnaires dans une présentation claire et conviviale, des informations spécifiquement requises leur permettant d'appréhender et de suivre l'évolution de l'organisation et son environnement. Ces informations sont normalement liées aux indicateurs de performance et favorisent la prise de meilleures décisions. Ces informations proviennent de sources internes et externes à l'organisation et sont le résultat de différentes transformations. Le S.I.D. englobe des fonctions de communication, de planification et de contrôle. En réalité, la clientèle desservie par le S.I.D. peut varier d'une organisation à l'autre : tout est en fait fonction de la perception que l'on a du système et de la structure hiérarchique en place. Ce qui veut dire que pour certaines organisations, des gestionnaires qui ne font pas partie de l'équipe de direction (directeurs généraux, de succursales ou encore des chefs de service) peuvent aussi avoir accès au S.I.D.

Afin de bien définir le S.I.D., il est important de le situer parmi les autres catégories de systèmes d'information (S.I.) qui sont regroupées en quatre catégories soit, les S.I. opérationnels, les S.I. aux fins de gestion (S.I.G.), les systèmes interactifs d'aide à la décision (S.I.A.D.) et les systèmes de bureautique.

Les S.I. opérationnels servent habituellement au traitement des opérations quotidiennes dont les transactions comptables, d'inventaire, de paie, etc. Ces systèmes génèrent des rapports dans un format pré établi. Ils sont a priori utilisés par les employés de plus bas niveaux. Contrairement au S.I.D., leurs bénéfices sont en général tangibles.

À partir des données du S.I. opérationnel, le S.I. aux fins de gestion (S.l.G) génère sur une base régulière et récurrente des rapports volumineux et prédéfinis dont les gestionnaires occupant des postes intermédiaires se servent pour gérer et coordonner les activités de l'organisation, mesurer et contrôler la performance de celle-ci. La faiblesse de ce S.I. est que la consultation des rapports est fastidieuse (perte de temps) et ne fournit souvent aucune donnée sur l'environnement externe.

Les systèmes d'aide à la décision (S.I.A.D.) sont conçus pour assister les gestionnaires et les professionnels dans le processus de prise de décision, en disposant d'outils et de modèles qui les aident à analyser les données afin de formuler et d'évaluer différentes solutions. En somme, ces S.I. servent à résoudre des problèmes semi-structurés ou non structurés. Le S.I.D. utilise les résultats de l'analyse faite au niveau du S.I.A.D. La convivialité et la complexité du système sont des éléments distinctifs, le S.I.A.D. nécessitant une longue période d'apprentissage et une certaine expertise du domaine où il est utilisé. Le S.I.A.D. est destiné aux professionnels plutôt qu'aux directeurs de l'organisation.

Finalement, les systèmes de bureautique sont composés de différents outils qui favorisent la communication tels le traitement de texte et d'images, le courrier électronique, les tableurs, etc.

5.2.1.1 Caractéristiques d'un S.I.D.

On peut définir différentes caractéristiques d'un S.I.D. à savoir, la qualité de l'information, la qualité de l'interface-utilisateur, les qualités techniques et les bénéfices du système.

La qualité de l'information signifie que l'information est orientée vers les indicateurs de performance, qu'elle est correcte, à jour et complète. Cette caractéristique représente la première condition de succès d'un S.I.D. Elle est nécessaire afin de garantir son utilisation par le cadre dirigeant.

La qualité de l'interface-utilisateur se juge par la convivialité, soit un interface simple, intuitif, facile d'utilisation via la souris et/ou écran tactile, par son accès facile aux données et la rapidité du temps de réponse. Les directeurs qui utilisent le S.I.D. ont pour la plupart peu d'expérience en informatique et disposent de peu de temps à consacrer à l'apprentissage du système, d'où l'importance de la convivialité.

La qualité technique s'évalue par la souplesse dont l'adaptation à l'évolution des besoins, l'accès aux données historiques, la requête *ad hoc*, l'accès aux données externes, la mise en évidence de tendances et de déviations, la possibilité d'informations détaillées (forage) et les capacités graphiques. La souplesse d'un S.I.D. est primordiale, car un S.I.D. rigide est un système condamné à l'échec à plus ou moins long terme. Le caractère évolutif des besoins en information des dirigeants de l'entreprise fait en sorte que le système doit s'adapter rapidement aux changements.

Finalement, les bénéfices à l'utilisation d'un S.I.D. sont l'économie de temps pour réunir les indicateurs de performance, la possibilité d'anticiper les problèmes de l'organisation, l'amélioration de la qualité de la décision et le développement d'un avantage compétitif.

5.2.1.2 INTERVENANTS LORS DE LA MISE EN PLACE D'UN S.I.D.

Divers acteurs interviennent lors de la mise en place d'un S.I.D. Parmi ces divers intervenants, deux s'avèrent d'une grande importance soit le sponsor (ou parrain) et le promoteur. Le sponsor est un directeur qui manifeste beaucoup d'intérêt pour les technologies de l'information, et par ricochet pour le S.I.D., et qui prend l'initiative de l'implanter. Son rôle consiste à faire accepter le S.I.D. au sein de ses pairs. Quant au promoteur, c'est la personne chargée de faire la promotion du S.I.D. et de trouver les ressources financières destinées à son développement. De plus, cette personne a souvent une connaissance approfondie des indicateurs de performance et la capacité de régler les problèmes politiques reliés à la mise en place du S.I.D. Il va sans dire que le sponsor et le promoteur doivent travailler en étroite collaboration.

5.2.2 CONSIDÉRATIONS TECHNOLOGIQUES ET FINANCIÈRES D'UN SYSTÈME D'INFORMATION REGROUPANT LES INDICATEURS DE PERFORMANCE

Un système d'information informatisé regroupant les indicateurs de performance pertinents de l'entreprise, qui s'alimente de diverses sources d'information, qui traite ces informations sous une forme claire et conviviale à la direction (et tout autre gestionnaire désigné), fait appel à un logiciel supporté par une certaine plate-forme informatique. Alors en fonction des caractéristiques du système d'information que l'organisation désire s'offrir au niveau qualité de l'information, qualité de l'interface-utilisateur et des qualités techniques, divers logiciels sont disponibles.

Chaque entreprise choisira ses indicateurs de performance tout comme chaque entreprise possède ses propres systèmes d'information. En conséquence, le choix d'un logiciel ainsi que de la plate-forme informatique qui le supporte, serait dans le cadre de ce manuel inapproprié. Lorsque sera venu le temps de faire un tel choix, le CGA, de concert avec les intervenants adéquats dont certains seront tout probablement externes à l'organisation, déterminera le type de logiciel et le support informatique inhérent.

Pour des motifs d'économie, certaines entreprises ont fait quelques tentatives pour convertir des systèmes d'information existants. En effet, on a pu relever que des entreprises qui possèdent des S.I.A.D. ont tenté de les transformer en S.I.D. Cette approche ne fonctionne habituellement pas et ce, pour diverses raisons. Par exemple, le S.I.A.D. avait été conçu pour un analyste, donc tout à fait inapproprié pour un cadre dirigeant; le S.I.A.D. avait été conçu différemment du S.I.D. et produit des fonctions différentes du S.I.D. Par ailleurs, les S.I.A.D. peuvent avoir été conçus par le service informatique ou par un utilisateur à partir de son poste de travail. Les S.I.D., eux, sont principalement conçus par des fournisseurs en informatique ou des consultants en systèmes d'information; cela s'explique en raison du haut niveau de connaissances requis pour l'intégration des différentes informations nécessaires qui se retrouvent dans plusieurs systèmes d'information de l'organisation. La gestion de la base de données qui alimentera le S.I.D. représente un des facteurs les plus importants pour l'implantation du système.

Quant aux considérations financières, il faut être conscient que la mise en place d'un système informatisé de haut niveau nécessite un investissement important. Tel que mentionné précédemment, les bénéfices tangibles que peut générer ce type de système d'information ne sont pas évidents.

Contrairement à un système d'information opérationnel (inventaire, paie) ou à d'autres investissements faits par l'entreprise, les bénéfices d'un système d'information qui regroupe les indicateurs de performance seront perceptibles à beaucoup plus long terme. En effet, le risque de ne plus être en affaires représente tout probablement le meilleur argument en faveur d'un tel système.

5.2.3 MISE EN PLACE PAR ÉTAPE D'UN SYSTÈME D'INFORMATION SUR LES INDICATEURS DE PERFORMANCE

À défaut de se lancer dans le développement d'un S.I.D., on peut tout de même adopter la perspective par étape. Il s'agit de débuter avec les indicateurs présentement disponibles dans le (ou les) système(s) d'information de l'organisation en faisant le lien entre les indicateurs retenus comme représentant la performance organisationnelle et ceux disponibles. Les indicateurs n'étant probablement pas tous présents dans le système d'information de l'organisation, l'entreprise peut tout de même débuter sa mesure de la performance organisationnelle, bien sûr de façon partielle, avec les indicateurs disponibles. Pour les indicateurs jugés pertinents mais non encore mesurés, il serait approprié d'établir un ordre de priorité pour déterminer quel indicateur il faudrait d'abord mesurer. Un plan de travail, avec échéance, devra être établi afin de ne pas reléguer aux oubliettes les indicateurs pertinents qui ne sont pas mesurés.

Il est préférable d'y aller étape par étape c'est-à-dire, indicateur par indicateur plutôt que d'abandonner la partie. En effet, des gestionnaires pourraient baisser les bras devant l'écart entre le nombre d'indicateurs effectivement mesurés dans l'entreprise et le nombre d'indicateurs qu'ils/elles jugent importants à mesurer pour le succès à long terme de l'entreprise. Si ces derniers représentent les indicateurs pertinents de la performance organisationnelle pour une entreprise, seul un prix excessif à payer pour l'obtention de cette information pourrait inciter la direction à abandonner certains indicateurs; bien sûr, dans la mise en place des moyens pour la mesure d'un indicateur, les bénéfices anticipés de la disponibilité d'une information doivent, en tout temps, couvrir les coûts d'obtention de cette information.

5.2.4 IMPACTS POLITIQUES SUR L'ORGANISATION D'UN SYSTÈME D'INFORMATION DES INDICATEURS DE PERFORMANCE

Un système d'information sur les indicateurs de performance semble être un de ceux dont les impacts sont importants parce qu'il fait intervenir plusieurs composantes organisationnelles. Parmi les divers impacts, il semble que celui affectant les gestionnaires occupant des postes intermédiaires serait le plus grand.

Il est démontré que, généralement, les gestionnaires de niveau intermédiaire dépensent une grande partie de leur temps à collecter, analyser et transmettre de l'information. Dans plusieurs entreprises, ceux-ci agissent comme des filtres de l'information destinée à la haute direction. Ils ont donc, dans une certaine mesure, un contrôle sur le flux de l'information dans l'entreprise, dans ce sens qu'eux seuls peuvent décider de la pertinence d'une information à acheminer vers la direction.

Avec l'implantation d'un système d'information sur les indicateurs de performance, les fonctions de collecte, d'analyse et de transmission de données sont propres au système. Du coup, le cadre intermédiaire perd le contrôle sur le flux d'information vers la direc-tion. Il s'ensuit alors une grande frustration pour lui. Ainsi, il se voit contraint de se rapprocher de plus en plus de ses subal-ternes (fournisseurs de données, etc.) pour demeurer dans le circuit de communication entraînant ainsi une diminution de son pouvoir. Il faut donc considérer qu'il y aura changement de la structure de pouvoir donc que certains acteurs, se voyant perdre une partie de leur influence, pourraient agir de façon à s'opposer, sinon retarder la mise en place d'un système d'information sur les indicateurs de performance.

La direction de l'entreprise a toute latitude quant au type de système d'information à employer pour mesurer les indicateurs de performance : il peut s'agir d'un système manuel, si possible, d'une adaptation d'un système d'information existant ou encore d'un système d'information hautement sophistiqué comme le système d'information pour dirigeant (S.I.D.). Ceci étant dit, en raison de la maturité actuelle dont font preuve les technologies de l'information, la direction d'une entreprise aurait tout avantage à recourir aux outils informatiques pour la mise en place d'un tel système.

Cette section du manuel de procédures avait pour objectif d'énumérer différents éléments que le CGA doit considérer lorsque la direction de l'entreprise opte pour la mise en place d'un système d'information sur les indicateurs de performance. Le lecteur doit garder à l'esprit que nous avons suggéré des possibilités qui pourraient ne pas convenir à certaines entreprises, chacune étant différente et possédant déjà ses propres systèmes d'information de gestion. Le but visé était de discuter, telle l'analyse d'une liste de contrôle, des éléments pertinents à considérer lors de la mise en place d'un système d'information sur les indicateurs de performance.

Finalement, les choix quant à comment et à qui seront diffusés les indicateurs de performance revêtent une importance capitale voire stratégique. En effet, quel niveau de transparence la direction est-elle prête à consentir? Quels sont les risques et les bénéfices d'une diffusion partielle? Ne dit-on pas que l'on obtient que ce que l'on mesure, nécessitant ainsi une diffusion complète? Il n'existe pas une seule et unique réponse à ces questions. Tout dépend de ce que la direction désire obtenir comme résultat ainsi que des moyens qu'elle juge les plus appropriés pour l'atteinte de ces résultats.

Quels sont les pièges de la mesure et de l'évaluation?

1.   CONFONDRE LA FIN ET LES MOYENS

Quand on mesure la performance d'une organisation, on peut être tenté de vouloir des facteurs qui déterminent la performance plutôt que des indicateurs des résultats, des produits ou des effets de ses activités. On a en effet tendance à confondre les déterminants de la performance avec ses indicateurs, les moyens avec les fins. Quinn et Rohrbaugh (1981) ont fait une recherche à ce sujet et ils ont trouvé un modèle qui s'apparente à celui qui est présenté dans ce manuel. Leur modèle est le résultat d'une recherche empirique réalisée auprès de chercheurs américains renommés. Il fait la distinction entre les moyens et les fins, entre les déterminants et les indicateurs de la performance. Il est montré à la figure 1. Trois axes orthogonaux ont été identifiés pour décrire le construit de l'efficacité organisationnelle. Le premier concerne le foyer d'attention de l'organisation; il définit un *continuum* ayant à un pôle, un intérêt envers les personnes et à l'autre, envers les tâches de l'organisation. Le deuxième concerne la nature de la structure organisationnelle, ayant à un extrême la stabilité / contrôle et à l'autre, la flexibilité / changement. Le troisième concerne la proximité des résultats attendus, et varie entre la mise en œuvre des ressources (moyens) et l'atteinte des objectifs (fins).

Modèle de l'école des relations humaines	Modèle du système ouvert

Structure

Moyens :
    Cohésion, moral

Moyens :
    Flexibilité, promptitude

Buts :
    Développement des ressources humaines
    (incluant leurs valeurs)

Buts :
    Croissance, acquisition des ressources
    (incluant le soutien des entités externes)

Foyer interne   **Qualité du produit/service**   **Foyer externe**
(personnes)   **(tâches)**

Moyens :
    Gestion de l'information, communication

Moyens :
    Planification et définition des buts

Buts :
    Stabilité, contrôle
    (Contrôle)

Buts :
    Productivité, efficience
    (incluant le profit)

Modèle des processus internes	Modèle des buts rationnels

Figure 1. Modèle des valeurs concurrentes de Quinn et
Rohrbaugh (1983, p. 369)
(Adaptation et traduction libre)

Mesurer la performance d'une organisation, c'est mesurer des indicateurs qui la représentent adéquatement. La mesure des facteurs de performance est une tâche d'une autre nature : elle concerne le diagnostic de l'entreprise, ce qui ne fait pas l'objet de ce manuel de procédures.

2. MESURER CE QU'ON VEUT BIEN SAVOIR

Le choix de critères de mesure de la performance ou de l'efficacité de l'organisation est largement déterminé par les intérêts et les valeurs de ceux qui les utilisent[50]. Ce constat se vérifie également dans la documentation. Toute conception de l'efficacité organisationnelle repose en effet sur une conception de l'organisation laquelle favorise, implicitement ou explicitement, certains constituants plutôt que d'autres. Par exemple, le profit est un critère qui protège les intérêts des propriétaires. La capacité de l'organisation de satisfaire aux exigences de l'environnement externe est un critère qui favorise les commanditaires, les fournisseurs, la clientèle, les gouvernements, etc.

Ce constat a ouvert les portes de tout un champ de recherche, concernant les intérêts des multiples constituants de l'organisation et les jeux politiques qui ont cours dans les organisations pour les faire valoir. Perrow (1977) fait d'ailleurs remarquer que le pouvoir des constituants est un facteur qui influence le choix des critères; les intérêts qui sont en jeu dans les relations de pouvoir ne sont pas seulement fondés sur la position des acteurs mais aussi sur leurs jeux politiques. Reconnaître que les critères de l'efficacité organisationnelle diffèrent selon les intérêts et les perspectives des multiples constituants qu'ils représentent ne permet pas de résoudre les problèmes que posent leur mesure. Par contre, cela indique que les gestionnaires sont enclins à mesurer des indicateurs qu'ils sont bien disposés à connaître; il faut donc faire attention aux biais personnels lorsqu'on détermine quels indicateurs il faut mesurer et qui (ou quoi) sera consulté.

Pour Simon (1947), toute action organisationnelle est précédée d'une décision prise par un (ou plusieurs) administrateur(s). L'efficacité de l'organisation étant de faire bien les bonnes choses, des décisions se doivent d'être prises quant à quoi faire et à comment le faire.

La rationalité des décisions administratives, c'est-à-dire leur adéquation aux buts de l'organisation, suppose que les administrateurs possèdent toute l'information nécessaire, ont les compétences requises et sont détachés de tout intérêt personnel. Or, cela est impossible compte tenu de la nature humaine et des contraintes environnementales. La rationalité des décisions est par conséquent limitée par les caractéristiques des individus et de l'environnement. Ces limites affectent tout le processus de prise de décision. L'imagination et l'attribution compensent pour le manque d'information ou la méconnaissance de la situation et des solutions. La difficulté d'appréhender la complexité de la situation est réduite par la sélectivité perceptuelle et la simplification des informations. Enfin, au moment de prendre la décision, l'optimisation de la solution s'avère souvent impossible; l'individu a tendance à retenir la solution qui lui semble la plus conforme aux buts organisationnels et à ses valeurs personnelles. Cette solution lui apparaît comme étant satisfaisante.

Cyert et March (1963) ont repris cette position de Simon sur la rationalité des décisions administratives pour comprendre la gestion des organisations. Ils proposent une théorie du comportement de la firme, voulant expliquer l'allocation des ressources entre les différents services et la formulation des objectifs de production et de vente.

Selon ces auteurs, l'organisation est une coalition dont les individus et les groupes qui la constituent ont des objectifs différents et qui se disputent des ressources et des avantages. Malgré leur entente sur les objectifs officiels de l'organisation, il est difficile d'établir un accord interne sur les objectifs opérationnels; des conflits surgissent donc entre eux. L'organisation semble pouvoir surmonter ces obstacles en ayant recours à plusieurs moyens.

Chaque groupe se voit confier la responsabilité d'objectifs particuliers à son champ d'activités. Par exemple, le service de production est responsable de produire un certain volume de biens, et le service d'approvisionnement, d'acheter les matériaux nécessaires. Par ce fractionnement des problèmes de décision, l'organisation résout partiellement les conflits pouvant émerger entre les différentes fonctions. La cohérence des décisions prises par les divers services est facilitée par l'emploi de règles situant la décision au niveau où elle devrait être prise et par le décalage temporel des différents objectifs à réaliser.

D'après ces chercheurs, les organisations s'adaptent, dans le temps, à leur environnement. Par exemple, les buts qu'elles poursuivent semblent être en fonction des buts qu'elles poursuivaient durant l'exercice précédent, de l'expérience qu'elles en ont faite, et de l'expérience que d'autres organisations comparables en ont acquise durant la même période.

Selon ces auteurs, la formulation des objectifs organisationnels est fonction de trois processus interreliés : un processus continu de négociation entre les partenaires de la coalition, un processus de contrôle interne, fixant les limites aux ressources utilisées par l'organisation, et un processus d'adaptation, modifiant les intérêts des participants selon les contingences de l'environnement.

Quand on évalue la performance d'une organisation, les gens ont tendance à porter leur attention sur certains critères et à en laisser d'autres, peut-être tous aussi importants, de côté. De la même façon, lors de l'évaluation de la performance, ils ont tendance à comparer les résultats avec certaines organisations et à ignorer ceux des autres. En fait, ces observations des comportements des décideurs s'expliquent par la nécessaire sélectivité de la perception et par la simplification des informations traitées par le raisonnement. Cela conduit ces auteurs à dire qu'un dirigeant ne peut pas faire tout ce qu'il devrait faire, ayant lui-même, comme toute autre personne, des capacités limitées.

Quelles habiletés faut-il développer?[51]

La mesure des indicateurs de performance comporte deux aspects : le contenu de la mesure et le processus d'évaluation. Le contenu de la mesure réfère à la définition opératoire des indicateurs de performance, comme cela a été présenté dans les parties précédentes du manuel. On peut considérer à ce titre le rôle de l'expert-comptable comme étant un expert de la performance de l'entreprise. Savoir quoi et comment mesurer la performance organisationnelle ne suffit pas cependant. Il y a un autre aspect de la mesure et c'est le processus d'évaluation en tant que tel. C'est là l'objet de cette dernière partie du manuel.

Pour mesurer la performance, l'expert-comptable doit pouvoir établir des relations positives avec les gens de l'entreprise afin d'assurer leur coopération tout au long du processus d'évaluation. À ce titre, on peut considérer le rôle de l'expert-comptable comme étant celui d'un facilitateur qui aide les gestionnaires à clarifier leurs attentes, à définir les objectifs de l'évaluation de la performance et à obtenir les informations fiables et valides pour effectuer les opérations que requièrent les calculs des indicateurs.

Comme on peut s'y attendre, les informations sont détenues par plusieurs personnes dans l'entreprise et dans son environnement. Ces personnes ont des intérêts particuliers à défendre, des attentes différentes, des langages et des formations variées et divers métiers. Il s'ensuit que l'expert-comptable aura affaire à différentes perspectives sur la performance organisationnelle et devra réconcilier des points de vue non seulement divergents, mais aussi opposés.

Habitué de travailler avec des données quantitatives et vérifiées périodiquement, l'expert-comptable doit maintenant apprendre à travailler avec des données qualitatives, quantifiées et non vérifiées. Savoir composer avec l'incertitude est un savoir-faire important pour l'expert-comptable du nouveau millénaire.

Pour jouer convenablement son rôle de facilitateur, l'expert-comptable a besoin de développer ses habiletés interpersonnelles. Parmi les habiletés requises, trois sont fondamentales : savoir établir une relation de confiance avec les gens de l'organisation, savoir obtenir la collaboration de personnes ayant des formations variées et savoir donner du feed-back. Ces trois habiletés sont brièvement présentées dans les pages qui suivent.

1. ÉTABLIR UNE RELATION DE CONFIANCE

Mesurer la performance d'une entreprise signifie évaluer ses résultats, ses produits, ses services et ses effets. L'évaluation vise à rendre compte de l'état de l'entreprise et dans ce sens, elle comporte un risque pour les gestionnaires tout comme pour les employés : celui de mal paraître aux yeux de leurs supérieurs et des actionnaires, s'il y en a. En effet, toute démarche d'évaluation amène les intervenants à scruter certains aspects du fonctionnement de l'entreprise et des activités des personnes qu'elle emploie; cela soulève de l'anxiété qui peut affecter la disposition des informateurs à communiquer les données à l'expert-comptable. C'est par l'établissement d'une relation de confiance avec la direction générale et les employés de l'entreprise que l'expert-comptable pourra s'assurer de leur collaboration.

La confiance dans les autres est définie comme la disposition d'une personne à attribuer aux autres des bonnes intentions et d'accorder de la crédibilité à leurs décisions et leurs comportements[52]. La confiance que donneront les gestionnaires et les employés à l'expert-comptable détermineront leurs attitudes et leurs comportements à son endroit. En règle générale, la confiance engendre la confiance et inversement. En conséquence, si l'expert-comptable espère obtenir la collaboration des employés pour lui communiquer des informations valides sur la performance de l'entreprise, il doit gagner leur confiance. Pour ce faire, il doit bâtir sa crédibilité et prouver sa valeur à leurs yeux.

La confiance est donnée à quelqu'un qui possède les trois qualités suivantes[53] : la compétence (on sait qu'il est efficace et qu'il réussit généralement les projets qu'il entreprend), la bonté (on sait qu'il nous respecte et qu'il protège nos intérêts) et l'intégrité (on connaît ses intentions et ses valeurs; il est honnête). Ces trois qualités sont attribuées par les autres sur la base des attitudes et des comportements de la personne. L'effet de l'intégrité sur la confiance est plus important lors de l'établissement de la relation et celui de la bonté augmente avec le temps, grâce au renforcement des liens d'attachement. L'encart n° 1 présente les comportements qui inspirent aux autres la confiance en soi.

---

1. **Fais ce que tu dis.**
2. **Encourage les autres lorsqu'ils te donnent leurs idées ou leurs opinions.**
3. **Dis ce que tu penses, quand il le faut.**
4. **Écoute les autres.**
5. **Sois prêt quand c'est le temps.**
6. **Fais preuve de compétence.**
7. **C'est normal de se tromper, mais apprends de tes erreurs (et donne l'exemple).**

Encart n° 1. Comportements associés à la confiance[54]

D'habitude, la demande d'évaluation est formulée par la direction générale qui souhaite améliorer la performance de l'entreprise. Lorsque l'expert-comptable reçoit la demande, il doit prendre le temps d'écouter la direction générale et de clarifier ses besoins. Il doit aussi prendre le temps de s'informer sur l'entreprise et sur son secteur d'activités ainsi que sur les disponibilités pour répondre adéquatement à cette demande. Évaluer une organisation est une entreprise sérieuse qui exige du temps et de la rigueur. Cela requiert aussi une relation de confiance qui doit être établie dès le début[55].

2. COLLABORER AVEC DES PERSONNES AYANT DES FORMATIONS ET DES EXPÉRIENCES DIFFÉRENTES

Pour être capable de collaborer avec des personnes ayant des formations et des expériences différentes, il est important de développer des compétences en communication. L'une d'elles est essentielle : c'est la compréhension empathique.

Reuchlin (1991) définit l'empathie comme «un mode de connaissance intuitive d'autrui, qui repose sur la capacité de partager et même d'éprouver les sentiments de l'autre» (p. 264). L'empathie est une capacité différente de

LES INDICATEURS DE PERFORMANCE

la sympathie, qui réfère plutôt au sentiment de bienveillance et de compassion à l'égard d'autrui, impliquant la participation à sa souffrance. L'empathie se distingue également de l'*insight*, qui est une compréhension soudaine de la nature d'une figure, d'un objet ou d'un sujet. Comme l'indique sa définition, l'empathie est un mode de connaissance intuitive d'autrui; elle fait donc appel à l'intuition.

L'utilité de l'empathie est d'abord apparue dans les pratiques thérapeutiques; c'est bien utile de pouvoir comprendre le point de vue de quelqu'un, surtout lorsque cette personne est difficile à comprendre et présente des comportements étranges. Avec la popularité grandissante des approches humanistes dans les organisations, l'empathie est devenue pour ainsi dire un outil de gestion fort utile également aux personnes qui sont responsables de résoudre des problèmes et de prendre des décisions avec d'autres personnes. L'empathie est une habileté qui s'apprend dans la mesure où la personne est disposée à l'apprendre[56].

L'apprentissage de l'empathie exige des qualités personnelles, propres à une personnalité sécure. Parce que l'empathie suppose que la personne doit faire *comme si* elle était l'autre, cela implique qu'elle se sente suffisamment en sécurité, suffisamment stable, pour adopter une position qui peut lui apparaître bizarre ou étrange. Une personne qui éprouve de la sécurité interne, se sent libre dans ses relations avec l'autre et disposée à accepter des points de vue différents.

D'après Rogers (1976), une première qualité est la **congruence** de la personne, c'est-à-dire le degré d'accord ou de consistance interne entre les comportements de la personne et son expérience (ses croyances et ses attitudes). L'état d'accord interne permet à la personne de percevoir les comportements de l'autre d'une façon correcte et différenciée et améliore sa capacité à éprouver une compréhension empathique du cadre de référence de l'autre.

Une autre qualité personnelle est nécessaire pour établir le contact avec l'autre et ce, dans le but de comprendre son point de vue, c'est l'**ouverture à l'expérience**. L'ouverture a pour fonction d'établir la sécurité interne nécessaire à l'établissement du contact. C'est une attitude qui se caractérise par la manière spontanée, non sélective et non directive d'explorer l'expérience, par la disposition et la capacité de s'engager sur n'importe quelle piste sans devoir vérifier si elle est sans difficulté.

L'ouverture implique la reconnaissance et la tolérance des différences ainsi que la compréhension de l'expérience vécue par l'autre. Cela est particulièrement utile pour l'expert-comptable qui doit, s'il veut mesurer la performance organisationnelle, obtenir la collaboration de personnes qui ont des formations et des expériences différentes. Certaines caractéristiques personnelles facilitent l'ouverture à l'expérience telles que la disposition à apprendre de l'expérience de l'autre et la capacité à réagir d'une façon flexible et dynamique.

L'ouverture à l'expérience suppose aussi la capacité de suspendre son jugement un certain temps, en vue de saisir pleinement la signification du point de vue présenté par autrui. Cette attitude d'ouverture est perceptible par autrui et l'engage à exprimer librement sa pensée, sans crainte d'être mal perçu et mal jugé. L'ouverture facilite la compréhension de l'expérience d'autrui, c'est-à-dire l'appréhension synthétique de son point de vue, dans son contexte, ici et maintenant.

Contrairement à ce qu'on pourrait croire, la capacité empathique ne semble pas être déterminée par la performance intellectuelle ni l'expertise, bien que ces qualités ne nuisent pas. En d'autres termes, il n'est pas nécessaire d'être brillant, ni expert pour comprendre les autres empathiquement. Elle dépend toutefois des attitudes de la personne envers elle-même et envers les autres.

Cette capacité semble pouvoir s'améliorer avec l'âge mais varie peu à l'âge adulte. Il ne s'agit donc pas de cette fameuse sagesse qu'on acquiert avec les ans. Les différences sexuelles semblent peu marquées, quoique les femmes paraissent avoir plus de facilité à percevoir correctement les expériences d'autrui. Cette capacité serait par contre étroitement associée à la personnalité, en particulier à la stabilité émotionnelle de la personne[57].

Les principes d'empathie sont les suivants[58]. Il faut encourager la personne à expliciter son point de vue, car seulement l'énoncer ne permettra pas de le comprendre. Il faut aussi être attentif aux signes verbaux et non verbaux, porteurs de significations implicites ou cachées. Il faut aussi se sentir libre d'adopter parfois un point de vue externe ou d'expert afin de faire progresser l'exploration tout autant que d'adopter le point de vue de la personne afin d'aider la personne à le comprendre et à le dépasser. Il faut aussi être capable de reconnaître les images que la personne projette sur soi (le transfert) de même que les images que l'on projette sur elle (le contre-transfert) afin de mieux comprendre la dynamique de la relation et les *patterns* psychiques qui peuvent s'établir.

Quand un individu se sent écouté de cette façon, avec autant de considération, il a tendance à s'écouter avec plus d'attention et à clarifier ses idées et ses sentiments. Parce que l'écoute active a tendance à réduire, chez l'individu émetteur, le sentiment de menace engendré par la perception de l'esprit critique de l'individu récepteur, la capacité de percevoir son expérience et celle de l'autre s'améliore et chacun éprouve un sentiment de valeur personnelle.

L'empathie fait appel à plusieurs techniques d'écoute et de communication qui ont fait leurs preuves et qui peuvent être apprises, pour favoriser le développement de relations positives et pour encourager l'ouverture et l'honnêteté nécessaire à la résolution de problème. L'empathie n'est pas une façon d'apparaître comme une «bonne personne». L'empathie exige un effort conscient, de la pratique et de l'engagement à améliorer sa façon d'être.

3.   SAVOIR DONNER DU *FEED-BACK*

Le *feed-back* assure non seulement la qualité et l'efficacité des activités réalisées, mais aussi la satisfaction des interlocuteurs et le développement de saines relations. Le *feed-back* est toutes formes de renseignements qui assurent la régulation de la communication. C'est à l'**émetteur** du message de faire les efforts requis pour obtenir de tels renseignements. Il doit chercher le *feed-back* auprès du récepteur dès que possible pour éviter des malentendus ou d'autres problèmes de communication d'abord, mais aussi pour établir la relation avec l'autre.

Pour que le *feed-back* que l'on donne soit efficace, il est important d'être conscient de ses préjugés personnels et de ses attentes à l'égard d'autrui, afin d'être en mesure de maîtriser leurs effets dans la relation. Il doit porter sur les **comportements** des personnes, non pas sur les attributions qu'on fait sur elles. Le *feed-back* a un impact positif lorsqu'il est descriptif, c'est-à-dire lorsqu'il n'implique pas un jugement de valeur concernant les personnes. S'il comporte un aspect évaluatif, il importe de fonder ses appréciations sur des faits précis et des comportements observés. Lorsqu'on donne du *feed-back*, il faut se centrer sur ce qui se passe dans la relation, sur l'objet de la communication ou sur les comportements des personnes. Il faut aussi choisir le bon moment pour donner du *feed-back* : il faut savoir respecter le temps et l'espace de l'autre.

Un bon *feed-back* a pour but d'aider l'autre à évaluer l'efficacité de sa communication, de mieux comprendre ce qu'il ne maîtrise pas, de valoriser ce qu'il fait bien et de l'encourager à maintenir la relation et à développer son autonomie. Le *feed-back* ne devrait pas servir à critiquer ou à blesser l'autre, ni à le réprimander ou à prendre une revanche. Donner du *feed-back* est un moyen d'établir un véritable dialogue entre des individus, non pas une occasion de les juger ni de régler ses comptes avec les autres.

Il existe aussi des règles à observer lorsque l'on reçoit du *feed-back*. Il faut tâcher d'écouter le *feed-back* en essayant de comprendre ce que la personne veut nous communiquer et non de chercher immédiatement à se défendre ou à se justifier parce qu'on se croit attaqué. On peut aussi lui poser des questions et explorer plus en détail certains aspects de son commentaire afin de mieux se comprendre et s'entendre. Il est permis d'exiger des faits ou des exemples, lorsque le commentaire n'est pas clair. Enfin, il est important d'être disposé à chercher des moyens réalistes pour s'améliorer. En d'autres mots, il faut apprendre à s'écouter.

Conclusion

Comme on peut le constater dans ce manuel, l'efficacité organisationnelle est, par définition, un jugement; les évaluateurs peuvent difficilement empêcher de se laisser influencer par leurs valeurs, leurs intérêts, leur statut et leurs rôles. Un jugement est difficilement neutre.

La mesure de la performance organisationnelle implique la collecte de données sur plusieurs dimensions de l'organisation : le modèle sur lequel repose la méthode présentée dans ce manuel s'inspire d'une conception de l'organisation où les aspects financiers, économiques, technologiques, sociaux, politiques, culturels et écologiques sont pris en compte.

Le modèle de performance est composé de critères antinomiques : on cherche à maximiser les revenus et à minimiser les coûts (par exemple, l'économie des ressources, la productivité et la performance financière) tout en assurant le développement des employés; on cherche à contrôler les coûts et les dépenses tout en veillant à améliorer la qualité des produits ou des services offerts par l'organisation. Dans un environnement marqué par la rareté des ressources et la concurrence, la qualité est un moyen privilégié pour assurer une bonne position à l'organisation. On cherche donc à offrir à la clientèle, des produits ou des services de la meilleure qualité au meilleur prix possible tout en cherchant à augmenter le rendement de l'avoir des actionnaires. De tels critères imposent aux gestionnaires et aux dirigeants des arbitrages constants. La complexité de la mesure de performance reflète bien la complexité de l'organisation, formée par la multiplicité des relations entre des groupes d'intérêts, souvent concurrentiels et potentiellement antagonistes mais toujours interdépendants. Dans la constellation de ces groupes d'intérêts, plusieurs groupes paraissent prédominants : les propriétaires-actionnaires, les employés, les clients-utilisateurs, les fournisseurs, les bailleurs de fonds et les groupes écologiques.

Variable dépendante des actions des organisations, la performance est un construit qui nécessite l'effort conjugué de personnes ayant des formations et des expériences variées pour la mesurer. La pluridisciplinarité qui caractérise ce domaine de mesure représente un grand défi à relever. Il faut pour cela comprendre une variété de langages disciplinaires et pouvoir faire équipe avec d'autres.

À l'état du projet, le mandat de l'équipe était essentiellement de définir les procédures opératoires pour mesurer les indicateurs de performance de l'organisation et de les présenter dans un manuel destiné à l'usage des membres de l'Ordre des Comptables généraux licenciés du Québec.

Cette étude apporte trois contributions importantes dans le champ de la gestion : 1. un regard empirique sur la performance organisationnelle, un objet généralement traité de façon théorique, 2. l'élargissement de la notion de la performance organisationnelle et 3. la définition opératoire des indicateurs de mesure. Ce projet, qui tire ses origines dans les recherches de Morin (1989) et de Morin, Savoie et Beaudin (1994), n'en est qu'à ses débuts. Dans une perspective de mesure, il faudra expérimenter la méthode dans plusieurs organisations de différents secteurs d'activités afin de la valider et de développer des normes appropriées. Cette entreprise est importante pour le développement économique de notre société. Les chercheurs applaudissent les efforts investis par l'Ordre des CGA pour encourager et soutenir le développement de la connaissance et de la technologie dans le domaine de l'efficacité organisationnelle.

Références et citations

1. Le lecteur intéressé à en savoir davantage sur les principes de mesure de la performance des organisations devrait consulter les ouvrages classiques suivants : Van de Ven (1980), Lawler, Nadler et Cammann (1980) et Cameron et Whetten (1983).

2. Le lecteur qui désire se familiariser avec les notions de fidélité et de validité peut consulter plusieurs ouvrages. Sage publie plusieurs monographies intéressantes à ce sujet dont celui de J. Kirk et M. L. Miller, *Reliability and validity in qualitative research*, Newbury Park (Calif.), Sage, 1986; d'autres ouvrages sont également disponibles : A. Anastasi, *Psychological testing*, New York, Macmillan, 1988; C. W. Emory, *Business research methods*, Homewood (Ill.), Irwin-Dorsey, 1980; G. V. Glass et K. D. Hopkins, *Statistical methods in education and psychology*, Englewood Cliffs (N.J.), Prentice-Hall, 1984; R. E. Kirk, *Experimental design: procedures for the behavioral sciences*, Belmont (Calif.), Brooks/Cole, 1982; M. Reuchlin, *Précis de statistique : présentation notionnelle*, Paris, P.U.F., 1976; J. E. Overall, C. J. Klett, *Applied multivariate analysis*, Montréal, McGraw Hill, 1972.

3. Provost et Leddick (1993).

4. Voir par exemple Bass (1952), Campbell (1977), England, (1967), Friedlander et Pickle (1968), Friedman (1962), Likert, (1958), Mayo (1933), Quinn et Rohrbaugh (1981), Scott (1987), Seashore et Yutchman (1967), Simon (1947), Steers (1977), Taylor (1911).

5. Consulter à ce sujet Bellah et coll. (1985) et Pagès et coll. (1979).

6. Les lecteurs intéressés par la profonde remise en question des modes managériales peuvent consulter les ouvrages de Aubert et de Gaulejac (1991), Le Mouël (1991) et Pauchant et coll. (1996).

7. Doise (1985) et Morin, Savoie et Beaudin (1994).

8. Cette conception a été défendue par plusieurs auteurs dont Lebas (1995), Morin, Savoie et Beaudin (1994) et Payette (1988).

9. Kanter et Brinkerhoff (1981).

10. C'est ce qu'a démontré Hirschman (1970).

11. Pour celles et ceux qui sont familiers avec les analyses multidimensionnelles, la méthode présentée dans ce manuel repose sur le modèle de l'analyse en composantes principales (A.C.P. pour les initiés) avec une rotation oblique des facteurs.

12. Consulter à ce sujet Lawler, Nadler et Cammann (1980) et Cameron et Whetten (1983).

13. Par suffisant, on entend la capacité d'un indicateur de donner l'information complète sur un critère, de façon fidèle et valide. Il s'agit d'une situation idéale, donc rare, mais possible.

14. Lawler, Nadler et Cammann (1980).

15. Cette technique consiste essentiellement à une sollicitation et une compilation systématique de jugements sur un sujet, au moyen d'une succession de questionnaires soigneusement construits à partir des réponses des participants, fournissant un résumé statistique de leurs réponses et de leurs commentaires au questionnaire précédent (Van de Ven et Delbecq, 1974).

16. Cette hiérarchie a déjà été observée par England (1967), Morin (1989) et Seashore (1983).

17. Buber (1963).

18. La technique du groupe nominal a été présentée par Delbecq et Van de Ven (1968) (*in* Van de Ven et Delbecq, 1974). Cette technique consiste essentiellement à une rencontre de groupe, structurée, servant à formuler des idées sur un problème donné et à prendre des décisions sur les idées émises par les participants. La taille du groupe peut varier entre cinq et dix personnes.

En général, la structure d'une rencontre de groupe nominal est la suivante. L'animateur expose d'abord le problème puis explique la procédure aux participants. En silence et de façon indépendante, les participants mettent leurs idées par écrit. Quand ils ont terminé cette tâche, chacun présente au groupe, à son tour, une de ces idées; à cette étape, aucune discussion sur les idées présentées n'est permise. L'animateur note les idées sur un tableau, de manière à ce que chacun puisse les voir. Quand tous les participants ont donné leurs idées, le groupe peut les discuter dans le but de les clarifier et de les évaluer. À la fin de la discussion, chaque participant évalue, en silence et de manière indépendante, les idées émises. La décision du groupe est le résultat des évaluations individuelles.

Les rencontres avec les gens des entreprises ont été conçues suivant le modèle du groupe nominal. Une liste des indicateurs a été soumise deux semaines avant la rencontre à chaque gestionnaire dans le but de leur donner du temps pour se familiariser avec son contenu et de se forger une opinion sur la pertinence et la disponibilité des indicateurs. Lors de l'entretien, le chercheur principal se servit de cette liste pour diriger la discussion. Chaque indicateur a ainsi été examiné avec attention par chaque gestionnaire et l'accord des gestionnaires constituait un signe de la validité de contenu des indicateurs.

19. À cet égard, nous tenons à remercier tout particulièrement les personnes suivantes : Alain Breault de Multi-Marques Inc., Fernand Fontaine de Dutailier, Jacques Bédard de Softimage, Michel Legault de Legault, Savard, Bélanger, associés, CGA et Michel P. Laliberté, CGA, CMA.

20. Von Bertalanffy (1956).

21. Gagnon et Khoury (1987), Guindon (1995).

22. Ce ratio a été proposé par Gagnon et Khoury (1987).

23. Gibson (1982), Kaplan (1982).

24. Boulianne (1995).

25. Foster (1986).

26. Barnard (1950).

27. D'après Morin, Savoie et Beaudin (1994).

28. Voir par exemple, Gagnon et Khoury (1987) et le rapport de l'I.C.C.A. (1993).

29. Westwick (1987).

30. Quinze items composent le questionnaire *OCQ*. Ce dernier a subi plusieurs expérimentations qui sont discutées dans l'article de Mowday, Steers et Porter (1979). Ce questionnaire affiche des qualités métrologiques intéressantes, telles que la fidélité et la validité. Il a été traduit en français par Marie Lise St-Pierre (1986). Son étude a consisté à le traduire et à vérifier les qualités métrologiques de la version française auprès d'un échantillon québécois.

31. Campbell (1977).

32. Le questionnaire de Larouche comprend 20 échelles traitant d'aspects du travail et une échelle générale. Il est composé de 96 questions auxquelles les sujets répondent sur une échelle du type Likert. Dans les recherches où il a été utilisé, ce questionnaire a montré de bons coefficients de fidélité et de validité.

33. Dahl (1979), Westwick (1987) et Hydro-Québec (1995) utilisent ce type d'indicateurs.

34. Savoie (1987).

35. Herzberg (1980).

36. Vogel (1986).

37. Carroll (1979); Drucker (1984); Gilmore (1986); Lewin et Minton (1986); Lydenberg et coll. (1986); Preston (1978); Zahra et LaTour (1987).

38. Corson et coll. (1989); Ellmen (1987); Gore (1993); Meeker-Lowry (1988).

39. Corson et coll. (1989).

40. Lydenberg et coll. (1986).

41. Nous avons déjà recommandé aux lecteurs intéressés des ouvrages pour se familiariser avec les notions de fidélité et de validité. Certains peuvent particulièrement être utiles aux experts-comptables qui n'ont pas eu de formation en mesure et en évaluation, ni en recherche : A. Anastasi, *Psychological Testing*, New York, Macmillan, 1988; C. W. Emory, *Business research methods*, Homewood (Ill.), Irwin-Dorsey, 1980; J. Kirk et M. L. Miller, *Reliability and validity in qualitative research*, Newbury Park (Calif.), Sage, 1986; J. E. Overall, C. J. Klett, *Applied multivariate analysis*, Montréal, McGraw Hill, 1972.

42. Ghorpade (1971).

43. Kaplan (1982).

44. Foster (1986).

45. Sylvain, Mosich et Larsen (1984).

46. Gagnon et Khoury (1987).

47. Foster (1986).

48. Plusieurs auteurs dont Lev & Sunder (1979) proposent l'utilisation de l'actif pour déterminer la taille des entreprises.

49. Ceci a déjà été constaté par Rockart (1979).

50. Kanter et Brinkerhoff (1981).

51. Cette partie du livre est tirée de l'ouvrage *Psychologies au travail*, par Estelle M. Morin, publié chez Gaëtan Morin.

52. Cook et Wall (1980); Lesage et Rice-Lesage, (1982).

53. Mayer, Davis et Schoorman (1995).

54. Traduction et adaptation de Mink, Owen et Mink, 1993, p. 88.

55. Les lecteurs intéressés à se familiariser avec le rôle du consultant et les comportements qu'il doit adopter dans sa relation avec les clients peuvent consulter l'ouvrage de R. Lescarbeau, M. Payette et Y. Saint-Arnaud, *Profession : consultant*, Montréal, Presses de l'Université de Montréal, coll. Intervenir, 1990.

56. Rogers (1980).

57. Massarik et Wechsler (1984).

58. Berger (1987).

Bibliographie

ANASTASI, A. (1988). *Psychological Testing*, New York, Macmillan.

AUBERT, N., DE GAULEJAC, V. (1991). *Le coût de l'excellence*, Paris, Seuil.

BARNARD, C.I. (1950). *The Functions of the Executive* (8ᵉ éd.). Cambridge (Mass.), Harvard University Press.

BASS, B. M. (1952). Ultimate criteria of organizational worth. *Personnel Psychology*, 5, 157-173.

BELLAH, R. N., MADSEN. R., SULLIVAN, W. M., SWIDLER, A., TIPTON, S. M. (1985). *Habits of the Heart. Individualism and Commitment in American Life.* Berkeley (CA), University of California Press.

BENNIS, W.G. (1971). Toward a truly scientific management *in* J. Ghorpade (coord). *Assessment of Organizational Effectiveness.* Pacific Palisades (Calif.), Goodyear.

BENNIS, W.G. (1969). *Organizational Development : Its Nature, Origins, and Prospects.* Reading (Mass.), Addison-Wesley.

BENNIS, W.G. (1966). *Changing Organizations.* New York : Mc Graw Hill.

BERGER, D. M. (1987). *Clinical Empathy*, Northvale, N.J.: Jason Aronson.

BORDELEAU, Y. (1987). *Comprendre et développer les organisations. Méthodes d'analyse et d'intervention.* Montréal : Agence d'Arc.

BOULIANNE, É. (1995). L'impact des stratégies d'affaires et de la gestion des technologies de l'information sur la performance financière des entreprises. Document de travail 95-22. Faculté des sciences de l'administration. Département des Systèmes d'information organisationnel, Université Laval.

BRIEF, A.P. (Coord.) (1984). *Productivity Research in the Behavioral and Social Sciences*. New York : Praeger.

BUBER, M. (1963). *Pointing the Way*. New York : Harper Torchbooks.

CAMERON, K.S., WHETTEN, D.A. (coord.) (1983). Organizational effectiveness : one model or several? *in Organizational Effectiveness. A Comparison of Multiple Models*. New York : Academic Press, 1-26.

CAMPBELL, J.P. (1977). On the nature of organizational effectiveness *in* P.S. GOODMAN et J.M. PENNINGS (Coord.). *New Perspectives on Organizational Effectiveness*. San Francisco : Jossey Bass, 13-62.

CARROLL, A. B. (1979). A three dimensional conceptual model of corporate social performance. *Academy of Management Review*, 4, 497-505.

COMSHARE, (1990). Commander EIS Developement Guide.

COOK, J.D., HEPWORTH, S.J., WALL, T.D., WARR, P.B. (1981). *The Experience of Work. A Compendium and Review of 249 Measures and their Use*. New York : Academic Press.

CORSON, B., TEPPER MARLIN, A., SCHORSCH, J., SWAMINATHAN, A., WILL, R. (1989). *Shopping for a Better World. A Quick and Easy Guide to Socially Responsible Supermarket Shopping*. New York : Council on Economics Priorities.

DAHL, H.L. (1979). Measuring the Human ROI, *Management Review*, Janvier, 44-50.

LES INDICATEURS DE PERFORMANCE

DAWSON, P., NEUPERT, P. M., STICKNEY, C. P., (1980). Restating Financial Statements for Alternatives GAAPs : Is It Worth the Efforts?, *Financial Analyst Journal*, Nov-Dec, 38-46.

DEAKIN, E.B. (1976). Distributions of Financial Accounting Ratios : Some Empirical Evidence, *The Accounting Review*, January, 90-96.

DISCLOSURE inc (1994). 5161 River Road, Bethesda, USA, (CD-ROM *CanCorp Plus*, April).

DIXON, J. R., NANNI, A. J., VOLLMANN, T. E. (1990). *The New Performance Challenge : Measuring Operations for World Class Competition*, DowJones/Irwin.

DOISE, W. (1985). Les représentations sociales : définition d'un concept. *Connexions*, 45, 243-252.

DRUCKER, P. F. (1984). The new meaning of corporate social responsibility. *California Management Review*, 26, 53-63.

ELLMEN, E. (1987). *How to Invest Your Money With a Clear Conscience.* Toronto (Ont.) : James Lorimer & cie.

EMORY, C. W. (1980). *Business research methods*, Homewood (Ill.) : Irwin-Dorsey.

ENGLAND, G.W. (1967). Organizational goals and expected behavior of american managers. *Academy of Management Journal*, 10, 107-117.

FOSTER, G. (1986). *Financial Statement Analysis*, Second edition, Englewood Cliffs, New-Jersey : Prentice-Hall.

FRIEDLANDER, F., PICKLE, H. (1968). Components of effectiveness in small organizations. *Administrative Science Quarterly, 13(2)*, 289-304.

FRIEDMAN, M. (1962). *Capitalism and Freedom*. Chicago : University of Chicago Press.

GAGNON, J. M., KHOURY, N. (1987). *Traité de gestion financière*. 3ᵉ édition. Montréal : Gaëtan Morin.

GHORPADE, J. (1971). *Assessment of Organizational Effectiveness. Issues, Analysis, Readings*. Pacific Palisades (Calif.) : Goodyear.

GIBSON, C.H. (1982). Financial Ratios in Annual Reports, *The CPA Jounal*, Sept., 18-29.

GILMORE, J. T. (1986). A framework for responsible business behavior. *Business and Society Review, summer*, 31-34.

GLASS, G. V., HOPKINS, K. D. (1984). *Statistical methods in education and psychology*, Englewood Cliffs (N.J.) : Prentice-Hall.

GORE, A. (1993). *Earth in the Balance. Ecology and the Human Spirit*. New York : Plume (Penguin).

GOSSELIN, M. (1995). Votre organisation a-t-elle besoin d'un nouveau système d'évaluation de la performance. Document de travail inédit. Faculté des Sciences Comptables. Université Laval.

GUINDON, M. (1995). L'analyse indiciaire et les états financiers conso-lidés. *Revue Gestion*, mars, 50-58.

HAGE, J. (1984). Organizational theory and the concept of productivity *in* A.P. BRIEF (Coord.). *Productivity Research in the Behavioral and Social Sciences*. New York : Praeger, 91-126.

HERZBERG, F. (1980). Maximizing work and minimizing labor. *Industry Week, 206(8)*, 61-64.

HIRSCHMAN, A.O. (1970). *Exit, Voice and Loyalty. Responses to Decline in Firms, Organizations and States.* Cambridge (Mass.) : Harvard University Press.

HYDRO QUÉBEC (1995). *Engagement de performance.* Rapport général de suivi au 31 décembre 1994, Montréal.

INSTITUT NATIONAL DE PRODUCTIVITÉ (1983). *L'autodiagnostic détaillé de votre entreprise. La production.* Montréal : I.N.P.

JENSTER (1992).

KANTER, R.M., BRINKERHOFF, D. (1981). Organizational performance : Recent developments in measurement. *Annual Review of Sociology,* 7, 321-349.

KAPLAN, R. S. (1982). *Advanced management accounting.* Englewood Cliffs : Prentice-Hall.

KAPLAN, R. S., NORTON, D. P. (1992). The balanced scorecard — Measures that drive performance, *Harvard Business Review,* janvier-février, 71-79.

KARRH, B. W. (1990). Du Pont and corporate environmentalism. *in* W. H. Hoffman, R. Frederick, et E. S. Petry, Jr. (coord) *The Corporation, Ethics and the Environment.* New York : Quorum Books. 69-76.

KATZ, D., KAHN, R.L. (1978). *The Social Psychology of Organizations* (2ᵉ éd.), New York : John Wiley.

KIRK, J., MILLER, M. L. (1986). *Reliability and validity in qualitative research,* Newbury Park (Calif.) : Sage.

KIRK, R. E. (1982). *Experimental design : procedures for the behavioral sciences,* Belmont (Calif.) : Brooks/Cole.

KOFFI, N.D.A. (1993). *SACSID : un système d'aide à la conception des hypercubes des systèmes d'information pour dirigeants*, Mémoire de maîtrise, Faculté des sciences et génie, Université Laval, Québec.

LAROUCHE, V. (1975). Inventaire de satisfaction au travail : validation. *Industrial Relations industrielles, 30(3)*, 343-373.

LAWLER, E.E., NADLER, D.A., CAMMANN, C. (coord.) (1980). *Organizational Assessment. Perspectives on the Measurement of Organizational Behavior and the Quality of Work life*. New York : John Wiley.

LEBAS, M. (1995). Comptabilité de gestion : les défis de la prochaine décennie, *Revue Française de comptabilité*, 35-48.

LE MOUËL, J. (1991). *Critique de l'efficacité*. Paris : Seuil.

LESAGE, P.-B., RICE-LESAGE, J. (1982). Comment tenir compte des différences individuelles au travail? *Gestion, 7, 4*, 17-26.

LESCARBEAU, R., PAYETTE, M., SAINT-ARNAUD, Y. (1990). *Profession : consultant*, Montréal : Presses de l'Université de Montréal.

LEV, B., SUNDER, S. (1979). Methodological Issues in the Use of Financial Ratios, *Journal of Accounting and Economics*, 187-210.

LEWIN, A. Y., MINTON, J. W. (1986). Determining organizational effectiveness : another look, and an agenda for research. *Management Science, 32*, 514-538.

LIKERT, R. (1958). Measuring organizational performance. *Harvard Business Review, 36(2)*, 41-50.

LYDENBERG, S. D., TEPPER MARLIN, A., O'BRIEN STRUB, S., COUNCIL ON ECONOMICS PRIORITIES (1986). *Rating America's Corporate Conscience. A Provocative Guide to the Companies Behind the Products You Buy Every Day*. Reading (Mass.) : Addison-Wesley.

MASSARIK, F., WESHSLER, I. R., (1984). Empathy revisited : The process of understanding people, *in* D. A. Kolb, I, M. Rubin et J. M. McIntyre (coord), *Organizational Psychology : Readings on Human Behavior in Organizations*. Englewood Cliffs (N.J.), Prenctice-Hall, 285-297.

MAYER, R. C., DAVIS, J. H., SCHOORMAN, F. D. (1995). An integrative model of organizational trust, *Academy of Management Review, 20, 3*, 709-734.

MAYO, G. E. (1933). *The Human Problems of an Industrial Civilization*. New York : MacMillan.

MC DONALD, B., MORRIS,H. (1984). The Statistical Validity of the Ratio Method in Financial Analysis : An Empirical Examination, *Journal of Business Finance & Accounting*, Spring, 89-97.

MEEKER-LOWRY, S. (1988). *Economics as If the Earth Really Mattered. A Catalyst Guide to Socially Conscious Investing*. Philadelphie (PA) : New Society.

MINK, O. G., OWEN, K. Q., MINK, B. P. (1993). *Developing High-Performance People. The Art of Coaching*, Reading, Mass. : Addison-Wesley.

MORIN, E. M., (1996). *Psychologies au travail. Concepts, classiques et cas*, Montréal : Gaëtan Morin.

MORIN, E. M., L'efficacité organisationnelle et le sens du travail, *in* T. C. Pauchant et coll. (coord.) (1996). *La quête du sens*, Montréal, Québec/Amérique/Presses H.E.C.; traduit de : Organizational effectiveness and the meaning of work, *in* T. C. Pauchant et coll. (coord.) (1995), *In Search of Meaning*. San Francisco, CA., Jossey-Bass, 29-64.

MORIN, E. M. (1989). Vers une mesure de l'efficacité organisationnelle : exploration conceptuelle et empirique des représentations. Thèse de doctorat présentée à la Faculté des Études Supérieures de l'Université de Montréal.

MORIN, E. M., SAVOIE, A., BEAUDIN, G. (1994). *L'efficacité de l'organisation. Théories, représentations et mesures.* Montréal : Gaëtan Morin.

MOWDAY, R.T., STEERS, R.M., PORTER, L.W. (1979). The measurement of organizational commitment. *Journal of Vocational Behavior, 14(2)*, 224-247.

MUCKLER, F.A. (1982). 2. Evaluating productivity *in* M.D. DUNNETTE et E.A. FLEISHMAN (coord.). *Vol. 1. Human Capability Assessment.* Hillsdale (N.J.) : Lawrence Erlbaum, 13-47.

Ordre professionnel des conseillers en relation industrielle du Québec en collabortion avec l'Ordre des comptables généraux licenciés du Québec (CGA). (1996). CGA La formation de la main-d'œuvre, un outil de développement puissant pour l'entreprise et le travailleur québécois.

OVERALL, J. E., KLETT, C. J. (1972). *Applied multivariate analysis,* Montréal : McGraw Hill.

PAGÈS, M., BONETTI, M., DE GAULEJAC, V., DESCENDRE, D. (1979). *L'emprise de l'organisation.* Paris : P.U.F.

PAUCHANT, T.-C. et coll. (coord.) (1996). *La quête du sens.* Montréal, Québec/Amérique/Presses H.E.C. (traduction et nouvelle édition de *In Search of Meaning.* San Francisco, CA., Jossey-Bass, 1995).

PAUCHANT, T.-C, MITROFF, I. I. (1995). *La gestion des crises et des paradoxes. Prévenir les effets destructeurs de nos organisations.* Montréal, Québec/Amérique/Presses H.E.C.

PAYETTE, A. (1988). *L'efficacité des gestionnaires et des organisations*, Sillery, Québec : Presses de l'Université du Québec.

PERROW, C. (1977). Three types of effectiveness studies *in* P.S. GOODMAN et J.M. PENNINGS (coord.). *New Perspectives on Organizational Effectiveness*. San Francisco : Jossey Bass, 96-105.

PFEFFER, J., SALANCIK, G.R. (1978). *The External Control of Organizations*. New York : Harper & Row.

PORTER, L.W., SMITH, F.J. (1970). The etiology of organizational commitment. Document inédit. University of California, Irvine.

PRESTON, L. E. (1978). Analyzing corporate social performance : Methods and results. *Journal of Contemporary Business, 7*, 135-150.

QUINN, R.E. (1988). *Beyond Rational Management. Mastering the Paradoxes and Competing Demands of High Performance*. San Francisco : Jossey Bass.

QUINN, R.E. (1978). Productivity and the process of organization improvement : why we cannot talk to each other. *Public Administration Review, 31*, 395-416.

QUINN, R.E., CAMERON, K.S. (coord.) (1988). *Paradox and Transformation. Toward a Theory of Change in Organization and Management*. Cambridge (Mass.) : Ballinger (Harper & Row).

QUINN, R.E., ROHRBAUGH, J. (1983). A spatial model of effectiveness criteria : Toward a competing values approach to organizational analysis. *Management Science, 29(3)*, 363-377.

QUINN, R.E., ROHRBAUGH, J. (1981). A competing values approach to organizational effectiveness. *Public Productivity Review, 5(2)*, 122-139.

RAWLS, J.A. (1971). *A Theory of Social Justice*. Cambridge (Mass.) : Balknopp Press.

REUCHLIN, M. (1991). «Empathie», *in* H. Bloch, R. Chemama, A. Gallo et coll. (coord.) *Grand dictionnaire de la psychologie*, Paris, Larousse, 264.

REUCHLIN, M. (1976). *Précis de statistique : présentation notionnelle*, Paris : P.U.F.

ROCKART, J.F., (1979). *Chief executives define their own data needs*, Harvard Business Review, March-April, p. 81-93

ROGERS, C. R. (1980). *A Way of Being*, Boston : Houghton Mifflin.

ROGERS, C. R. (1976). *Le développement de la personne*, Paris : Dunod.

SAVOIE, A. (1987). *Le perfectionnement des ressources humaines en organisation. Théories, méthodes et applications.* Montréal : d'Arc.

SCOTT, W.R. (1987). *Organizations : Rational, Natural and Open Systems.* Englewood Cliffs (N.J.) : Prentice Hall.

SEASHORE, S.E. (1983). A framework for an integrative model of organizational effectiveness *in* K.S. CAMERON et D.A. WHETTEN (coord.). *Organizational Effectiveness. A Comparison of Multiple Models.* New York : Academic Press, 55-70.

SEASHORE, S.E., YUCHTMAN, E. (1967). Factorial analysis of organizational performance. *Administrative Science Quarterly, 12(3),* 377-395.

SIMON, H.A. (1947). *Administrative Behavior. A Study of Decision Making Process in Administrative Organization* (2ᵉ édition). New York : Free Press.

ST-PIERRE, M.L. (1986). Équivalence linguistique et qualités psycho-métriques de la traduction française de l'instrument «Organizational Commitment Questionnaire» (OCQ). Mémoire de maîtrise inédit. Université de Montréal.

STEERS, R. M. (1977). *Organizational Effectiveness : A Behavioral View.* Santa Monica (CA) : Goodyear.

SYLVAIN, F., MOSICH, A.N., LARSEN, E.J. (1984), *Comptabilité Inter-médiaire, Théorie comptable et modalités d'application*, McGraw-Hill, deuxième édition.

TAYLOR, F. W. (1911). *The Principles of Scientific Management.* New York : Harper.

TURBAN, E. (1993). *Decision Support and Expert System : Management Support System*, third édition, New-York : MacMullan Publishing Company.

VAN DE VEN, A.H. (1980). A Process for organization assessment *in* E.E. III LAWLER, D.A. NADLER et C. CAMMANN (coord.). *Organiza-tional Assessment. Perspectives on the Measurement of Organizational Behavior and the Quality of Work Life.* New York : John Wiley, 548-568.

VAN DE VEN, A.H., DELBECQ, A.L. (1974). The effectiveness of nomi-nal, delphi and interacting group decision making processes. *Academy of Management Journal, 17(4)*, 605-621.

VAN DE VEN, A.H., FERRY, D.L. (1980). *Measuring and Assessing Organizations.* New York : John Wiley.

VAN DE VEN, A.H., MORGAN, M.A. (1980). A revised framework for organizational assessment *in* E.E. III LAWLER, D.A. NADLER et C. CAMMANN (coord.). *Organizational Assessment. Perspectives on the Measurement of Organizational Behavior and the Quality of Work Life.* New York : John Wiley, 216-260.

VÉZINA, M. (1995). L'impact de l'utilisation des technologies de l'information sur la performance : le cas des professionnels de la comptabilité, Thèse de doctorat, Université de Montpellier II, Sciences et techniques du Languedoc, 615 pages

VON BERTALANFFY, L., (1956). General system theory. *General Systems. Yearbook of the Society for General Systems Theory, 1*, 1-10.

VOGEL, D. (1986). The study of social issues in management : A critical appraisal. *California Management Review, 28(2)*, 142-151.

WESTWICK, C. A. (1987). *How to Use Management Ratios.* (2nd ed) Gower Publ. : London (G.B.)

ZAHRA, S. A., LATOUR, M. S. (1987). Corporate social responsibility and organizational effectiveness : A multivariate approach. *Journal of Business Ethics, 6*, 459-467.

Annexe 1

Calcul de la masse salariale et des dépenses admissibles à la formation au Québec

LA MASSE SALARIALE

La masse salariale d'une année, pour un employeur, est égale au total :

▶ du salaire versé, alloué, conféré ou payé à un employé;

▶ du salaire versé à un fiduciaire ou à un dépositaire à l'égard d'un employé;

▶ de la partie de toute cotisation et de la taxe s'y rapportant versée à l'administrateur d'un régime d'assurance multi-employeurs à l'égard d'un employé.

À cette fin, un employé est une personne qui occupe un emploi ou qui remplit une charge. L'employé visé aux fins du calcul de la masse salariale est tout employé qui se présente au travail à un établissement de son employeur au Québec ou à qui le salaire, s'il n'est pas requis de se présenter à un établissement de l'employeur, est versé d'un tel établissement au Québec.

Dans le cadre du calcul de la masse salariale, le salaire représente tout revenu d'emploi, incluant les avantages imposables, mais exclut les contributions de l'employeur (case A du relevé 1). Le salaire comprend aussi tout montant versé à un fiduciaire ou à un dépositaire en vertu d'un régime d'intéressement, d'une fiducie pour employés ou d'un régime de prestations aux employés.

LES DÉPENSES DE FORMATION ADMISSIBLES

▶ Le coût d'une formation engagé auprès d'un établissement d'enseignement reconnu ou d'un organisme formateur. De tels coûts assumés par un employé et remboursés par l'employeur sont aussi admissibles.

▶ Le coût d'une formation qualifiante ou transférable.

▶ Le salaire d'un employé qui dispense au personnel de l'employeur, au Québec, une formation à l'occasion d'une activité organisée par un service de formation agréé, ou qui dispense une formation qualifiante ou transférable.

▶ Le coût engagé pour la participation d'un employé à une formation organisée par un ordre professionnel lorsque l'employé est membre de cet ordre. Si l'employé n'est pas un membre de cet ordre, les frais sont admissibles dans la mesure où ils sont indiqués séparément dans l'inscription à l'événement et que l'employeur puisse justifier de la conformité de l'activité à l'objet de la loi.

▶ Le salaire d'un employé pour la période au cours de laquelle il est exclusivement en formation ou en entraînement à la tâche (formation sur le tas) ainsi que précisé dans le plan de formation.

▶ Le supplément de salaire correspondant au temps supplémentaire payé à un employé pour assurer le remplacement d'un employé en formation.

▶ Le salaire d'un employé en congé de formation payé pour un retour aux études à temps plein dans un établissement d'enseignement reconnu.

▶ Le salaire d'un employé d'un établissement d'enseignement reconnu ou d'un institut affilié en congé aux fins de recherche ou de perfectionnement.

▶ Le salaire d'un employé prêté à un établissement d'enseignement reconnu ou à tout autre organisme reconnu par la Société pour l'élaboration et la mise en œuvre d'un plan de formation, ainsi que le temps consacré par un représentant de l'employeur ou des travailleurs à un comité paritaire.

▶ Les frais engagés pour le soutien pédagogique lors d'un contrat entre l'employeur et un établissement d'enseignement reconnu ou un organisme formateur.

▶ Le salaire et les frais engagés pour l'élaboration d'un plan global ou spécifique de formation ou d'un plan de développement des ressources humaines.

▶ Le salaire et les frais engagés pour l'élaboration d'adaptation et l'évaluation d'une formation ou d'un programme d'apprentissage.

▶ Le salaire et les frais engagés pour la préparation des stages reconnus par un établissement d'enseignement, de l'apprentissage ainsi que les frais de formation du superviseur du stagiaire.

▶ Le salaire du stagiaire et le salaire du superviseur du stagiaire pour le temps consacré exclusivement aux activités de supervision, d'encadrement ou d'accompagnement.

▶ Les frais de déplacement, d'hébergement, de repas et les frais de garde d'enfants payés par l'employeur, pour chaque participant à une formation, à un apprentissage ou à un stage qui constitue une dépense admissible et ceux d'un employé chargé de la formation et ceux du superviseur du stagiaire.

▶ Le salaire et les frais engagés pour la création ou la traduction du matériel pédagogique ou didactique, les frais engagés pour la location de tel matériel et le coût d'acquisition de tel matériel pourvu que ce ne soit pas un bien amortissable. Il faut que le matériel pédagogique ou didactique soit utilisé exclusivement aux fins d'une formation décrites dans les «dépenses au bénéfice du personnel».

▶ Les frais de location engagés pour un local ou un équipement consacré principalement à de la formation dispensée et entrant dans la définition de «dépenses au bénéfice du personnel». Le locateur et le locataire ne doivent pas avoir un lien de dépendance.

▶ Le don de matériel ou d'équipement à un établissement d'enseignement reconnu ou à certains autres organismes reconnus pour un montant correspondant à la juste valeur marchande du bien.

▶ Le don à un centre de travail adapté, à des fins de formation, de matériel ou d'équipement adaptés pour un montant correspondant à la juste valeur marchande du bien.

▶ Le coût engagé pour une activité de formation dans le cadre d'un colloque, congrès ou séminaire, organisé par un Ordre professionnel, à la condition que le coût de cette activité soit indiqué séparément dans l'inscription à l'événement et que l'employeur puisse justifier de la conformité de l'activité à l'objet de la loi.

▶ L'amortissement d'un équipement ou d'un local prêté à un établissement reconnu ou à certains autres organismes reconnus.

▶ L'amortissement d'un équipement ou d'un local affecté exclusivement à la formation du personnel de plusieurs employeurs.

▶ L'amortissement sur équipements, sur construction ou aménagement de locaux, dans la mesure où ces biens sont exclusivement affectés à la formation du personnel.

Annexe 2

Tableau d'évaluation de l'importance et de la disponibilité des indicateurs de performance

IMPORTANCE DE L'INDICATEUR DE PERFORMANCE POUR LE SUCCÈS À LONG TERME DE L'ENTREPRISE	INDICATEURS DE PERFORMANCE DIMENSION : PÉRENNITÉ DE L'ORGANISATION	DISPONIBILITÉ DE L'INFORMATION DANS L'ENTREPRISE		
Nulle ....Élevée				
1 2 3 4 5 6 7	Qualité des produits	Oui	Non	NSP
1 2 3 4 5 6 7	Qualité des services	Oui	Non	NSP
1 2 3 4 5 6 7	Rendement du capital investi	Oui	Non	NSP
1 2 3 4 5 6 7	Marge de bénéfice net	Oui	Non	NSP
1 2 3 4 5 6 7	Niveau des revenus par secteur	Oui	Non	NSP
1 2 3 4 5 6 7	Niveau d'exportation	Oui	Non	NSP

IMPORTANCE DE L'INDICATEUR DE PERFORMANCE POUR LE SUCCÈS À LONG TERME DE L'ENTREPRISE	INDICATEURS DE PERFORMANCE DIMENSION : EFFICIENCE ÉCONOMIQUE	DISPONIBILITÉ DE L'INFORMATION DANS L'ENTREPRISE		
Nulle ....Élevée				
1 2 3 4 5 6 7	Rotation des stocks	Oui	Non	NSP
1 2 3 4 5 6 7	Rotation des comptes-clients	Oui	Non	NSP
1 2 3 4 5 6 7	Taux de rebuts	Oui	Non	NSP
1 2 3 4 5 6 7	Taux de réduction du gaspillage	Oui	Non	NSP
1 2 3 4 5 6 7	Rotation de l'actif total	Oui	Non	NSP
1 2 3 4 5 6 7	Rotation de l'actif immobilisé	Oui	Non	NSP
1 2 3 4 5 6 7	Niveau d'activités/ Coût de production	Oui	Non	NSP
1 2 3 4 5 6 7	Niveau d'activités/ Temps de production	Oui	Non	NSP

IMPORTANCE DE L'INDICATEUR DE PERFORMANCE POUR LE SUCCÈS À LONG TERME DE L'ENTREPRISE	INDICATEURS DE PERFORMANCE DIMENSION : VALEUR DES RESSOURCES HUMAINES	DISPONIBILITÉ DE L'INFORMATION DANS L'ENTREPRISE		
Nulle ....Élevée				
1 2 3 4 5 6 7	**Rotation des employés**	Oui	Non	NSP
1 2 3 4 5 6 7	**Taux d'absentéisme**	Oui	Non	NSP
1 2 3 4 5 6 7	**Taux de participation aux activités sociales**	Oui	Non	NSP
1 2 3 4 5 6 7	**Taux de maladie**	Oui	Non	NSP
1 2 3 4 5 6 7	**Taux d'accidents**	Oui	Non	NSP
1 2 3 4 5 6 7	**Nombre d'actes déviants**	Oui	Non	NSP
1 2 3 4 5 6 7	**Nombre de jours perdus pour arrêt de travail**	Oui	Non	NSP
1 2 3 4 5 6 7	**Qualité des relations de travail**	Oui	Non	NSP
1 2 3 4 5 6 7	**Revenus par nombre d'employés**	Oui	Non	NSP
1 2 3 4 5 6 7	**Bénéfice net avant impôt par nombre d'employés**	Oui	Non	NSP
1 2 3 4 5 6 7	**Bénéfice net avant impôt par tranche de 100 $ de masse salariale**	Oui	Non	NSP
1 2 3 4 5 6 7	**Taux de la masse salariale consacrée à la formation**	Oui	Non	NSP
1 2 3 4 5 6 7	**Effort de formation**	Oui	Non	NSP
1 2 3 4 5 6 7	**Transfert des apprentissages**	Oui	Non	NSP
1 2 3 4 5 6 7	**Mobilité des employés**	Oui	Non	NSP

IMPORTANCE DE L'INDICATEUR DE PERFORMANCE POUR LE SUCCÈS À LONG TERME DE L'ENTREPRISE							INDICATEURS DE PERFORMANCE DIMENSION : LÉGITIMITÉ DE L'ORGANISATION	DISPONIBILITÉ DE L'INFORMATION DANS L'ENTREPRISE		
Nulle						...Élevée				
I	2	3	4	5	0	7	Dénéfice par action	Oui	Non	NSP
1	2	3	4	5	6	7	Ratio du fonds de roulement	Oui	Non	NSP
1	2	3	4	5	6	7	Ratio d'endettement	Oui	Non	NSP
1	2	3	4	5	6	7	Fréquence du non-respect du délai de livraison	Oui	Non	NSP
1	2	3	4	5	6	7	Niveau des ventes	Oui	Non	NSP
1	2	3	4	5	6	7	Fidélité de la clientèle	Oui	Non	NSP
1	2	3	4	5	6	7	Pénalités versées	Oui	Non	NSP
1	2	3	4	5	6	7	Nombre d'emplois créés	Oui	Non	NSP
1	2	3	4	5	6	7	Contribution financière aux activités communautaires	Oui	Non	NSP
1	2	3	4	5	6	7	Degré de développement des avantages sociaux pour la famille	Oui	Non	NSP
1	2	3	4	5	6	7	Disposition des déchets	Oui	Non	NSP

Annexe 3

Liste des informations nécessaires pour la mesure de la performance organisationnelle

INFORMATION REQUISE	SOURCE	RÉSULTAT
bénéfice net avant impôt	état des résultats	
coût des produits vendus	journal des achats et registre des stocks	
coût des ventes	état des résultats	
ventes nettes ou revenu net	journal des ventes	
intérêts débiteurs	journal général	
charge d'impôts	déclaration fiscale (T2)	
bénéfice net	état des résultats	
comptes clients bruts moyens	auxiliaire des comptes-clients	
ventes à crédit de l'exercice	journal des ventes	
stocks moyens	registre des stocks	
achats	journal des achats	
honoraires créditeurs	état des résultats	
masse salariale	journal des salaires	
actif à court terme	bilan	
actif total	bilan	
actif total moyen	bilan	
passif à court terme	bilan	
dette à long terme	bilan	
avoir des actionnaires	bilan	
bénéfice disponible pour les actionnaires ordinaires	état des B.N.R., bilan et registre des actionnaires	
nombre moyen pondéré d'actions ordinaires en circulation	registre des actionnaires	

INFORMATION REQUISE	SOURCE	RÉSULTAT
période couvrant l'exercice financier	état des résultats	
nombre de jours ouvrables	calendrier	
impôts reportés	bilan	
nombre d'articles vendus	registre des stocks et journal des ventes	
revenus dans chaque région (tous produits/services confondus)	journal des ventes et répartition géographique	
revenus réalisés par les concurrents dans chaque région	rapports annuels des concurrents et publications d'entreprises spécialisées	
revenus pour le produit/service A (toutes régions confondues)	journal des ventes	
revenus réalisés par les concurrents pour le produit/service A	rapports annuels des concurrents et publications d'entreprises spécialisées	
revenus gagnés à l'étranger	journal des ventes et répartition géographique	
nombre de retours	registre du service à la clientèle	
valeur en $ des retours	journal des ventes	
nombre de plaintes formulées par la clientèle	registre du service à la clientèle	
nombre de services rendus à la clientèle	registre du service à la clientèle	
nombre de livraisons qui n'ont pas respecté le délai prévu	registre des expéditions	
nombre total de livraisons	registre des expéditions	
nombre de clients de la période actuelle qui étaient du nombre de clients de la période précédente	liste des clients par période	
nombre de clients de la période précédente	liste des clients par période	
quantité produite	registre du service de la production	
rebuts de matières premières	registre du service de la production	
bris/perte de produits en cours ou finis	registre du service de la production	
gaspillage durant chaque période	comparaison des coûts entre les périodes en tenant compte de l'inflation	
mesures prises pour recycler ou disposer des déchets de façon écologique	renseignements obtenus des différents services	
nombre moyen d'employés réguliers	journal des salaires	
heures de main-d'œuvre directe	journal des salaires	

INFORMATION REQUISE	SOURCE	RÉSULTAT
nombre de départs volontaires	registre des ressources humaines ou de ce qui en fait office	
nombre de jours-personne d'absence	registre des différents services	
nombre d'employés qui participent à une activité sociale donnée	registre des différents services et du comité social	
nombre d'employés invités à participer à une activité sociale donnée	registre des différents services et du comité social	
nombre d'activités sociales organisées	registre des différents services et du comité social	
nombre d'employés affectés par la maladie	registre des différents services	
nombre de jour/personne payé	journal des salaires	
nombre d'accidents signalés	registres des différents services et des ressources humaines	
augmentation/diminution des ventes	journal des ventes	
nombre d'actes déviants	registres des services, du service de sécurité et des ressources humaines	
nombre de jours perdus pour un arrêt de travail	registre des ressources humaines	
nombre de griefs	registre des ressources humaines	
nombre d'heures de formation par année	registre des ressources humaines	
taux de la masse salariale consacrée à la formation	registre des ressources humaines	
nombre d'employés qui ont changé de poste dans l'entreprise	registre des ressources humaines	
nombre d'emplois créés	registre des ressources humaines	
avantages sociaux concernant la famille accordés aux employés autres que ceux prescrits par les lois	registre des ressources humaines	
montant versé à différents organismes communautaires, différentes associations ou divers groupes sociaux	budget des services ou budget du marketing	
immobilisation moyenne	bilan	
pénalités versées pour infractions	grand livre général	

LES INDICATEURS DE PERFORMANCE

Annexe 4

Calcul des indicateurs de performance

INDICATEURS	RÉSULTATS
LA PÉRENNITÉ DE L'ORGANISATION	
LA QUALITÉ DES PRODUITS/SERVICES	
Qualité des produits	
$$\frac{\text{Nombre de retours}}{\text{Nombre d'articles vendus}} \times 100$$ ou $$\frac{\text{Valeurs en dollars des retours}}{\text{Revenus totaux}} \times 100$$	
Qualité des services	
$$\frac{\text{Nombre de plaintes}}{\text{Nombre de services rendus}} \times 100$$	
LA RENTABILITÉ FINANCIÈRE	
Rendement du capital investi (R.C.I.)	
$$\frac{\text{Bénéfice net + les impôts + les intérêts}}{\text{Actif total}} \times 100$$	
Marge de bénéfice net	
$$\frac{\text{Bénéfice net}}{\text{Revenu net}} \times 100$$	

INDICATEURS	RÉSULTATS

LA PÉRENNITÉ DE L'ORGANISATION (SUITE)

LA COMPÉTITIVITÉ

Niveau des revenus par secteur

$$\frac{\text{Revenus dans chaque région (tous produits / services)}}{\text{Revenus totaux réalisés par l'entreprise et ses concurrents dans chaque région}} \times 100$$

$$\frac{\text{Revenus pour le produit / service A (toutes régions)}}{\text{Revenus totaux réalisés par l'entreprise et ses concurrents pour le produit / service A}} \times 100$$

Niveau d'exportation

$$\frac{\text{Revenus gagnés à l'étranger}}{\text{Revenus totaux}} \times 100$$

L'EFFICIENCE ÉCONOMIQUE

L'ÉCONOMIE DES RESSOURCES

Rotation des stocks ou durée moyenne de stockage

$$\frac{\text{Coût des produits vendus}}{\text{Stocks moyens}} \times 100$$

Rotation des comptes clients ou délai de recouvrement des comptes clients

$$\frac{\text{comptes clients bruts moyens}}{\text{ventes à crédit de l'exercice}} \times 365 \text{ jours}$$

Taux de rebuts

$$\frac{\text{Rebuts de matières premières}}{\text{Achats}} + \frac{\text{Bris / Perte de produits en cours ou finis}}{\text{Ventes}} \times 100$$

Pourcentage de réduction du gaspillage

$$\frac{\text{Gaspillage période A} - \text{Gaspillage période B}}{\text{Gaspillage période A}} \times 100$$

INDICATEURS	RÉSULTATS

L'EFFICIENCE ÉCONOMIQUE (SUITE)

LA PRODUCTIVITÉ

Rotation de l'actif total

$$\frac{\text{Revenus}}{\text{Actif total moyen}}$$

Rotation de l'actif immobilisé

$$\frac{\text{Revenus}}{\text{Immobilisations moyennes}}$$

Niveau d'activités p/r coûts de production

modèle général :

$$\frac{\text{Quantités produites}}{\text{Coût de fabrication}}$$

modèle choisi :

Niveau d'activités par rapport au temps de production

modèle général :

$$\frac{\text{Quantités produites (bien ou service)}}{\text{Heures de main – d'œuvre directe}}$$

modèle choisi :

LA VALEUR DES RESSOURCES HUMAINES

LA MOBILISATION DES EMPLOYÉS

Taux de rotation des employés

$$\frac{\text{Nombre de départs volontaires}}{\text{Nombre moyen d'employés réguliers}} \times 100$$

Taux d'absentéisme

$$\frac{\text{Nombre de jours – personne d'absence}}{\text{Nombre de jours – personne payés}} \times 100$$

LA VALEUR DES RESSOURCES HUMAINES (SUITE)

LE CLIMAT DE TRAVAIL

Taux de participation aux activités sociales

$$\frac{\text{Nombre d'employés qui participent}}{\text{Nombre d'employés invités à participer}} \times 100$$

Taux de maladie

$$\frac{\text{Nombre d'employés affectés par la maladie}}{\text{Nombre moyen d'employés}} \times 100$$

Taux d'accidents

$$\frac{\text{Nombre d'accidents signalés}}{\text{Jours} - \text{personne travaillés}} \times 100$$

Ratio d'actes déviants

$$\frac{\text{Nombre d'actes déviants}}{\text{Nombre moyen d'employés}}$$

Nombre de jours perdus à cause d'un arrêt de travail

$$\frac{\text{Nombre de jours perdus pour un arrêt de travail}}{\text{Nombre de jours ouvrables}} \times 100$$

Qualité des relations de travail

$$\frac{\text{Nombre de griefs}}{\text{Période couvrant l'exercice financier}}$$

INDICATEURS	RÉSULTATS

LA VALEUR DES RESSOURCES HUMAINES (SUITE)

LE RENDEMENT DES EMPLOYÉS

Revenus par employé

$$\frac{\text{Revenus}}{\text{Nombre moyen d'employés}}$$

Bénéfice net avant impôt par employé

$$\frac{\text{Bénéfice net avant impôt}}{\text{Nombre moyen d'employés}}$$

Bénéfice net avant impôt par tranche de 100 $ de masse salariale

$$\frac{\text{Bénéfice net avant impôt}}{\text{Tranches de 100 \$ de masse salariale}}$$

LE DÉVELOPPEMENT DES EMPLOYÉS

Excédent du taux de la masse salariale consacrée à la formation

$$\text{Taux réel} - \text{Taux prescrit}$$

Effort de formation

$$\frac{\text{Nombre d'heures de formation par année}}{\text{Nombre moyen d'employés}}$$

Transfert des apprentissages

Mobilité des employés

$$\frac{\text{Nombre d'employés qui ont changé de postes dans l'entreprise}}{\text{Nombre moyen d'employés}} \times 100$$

INDICATEURS	RÉSULTATS
LA LÉGITIMITÉ DE L'ORGANISATION AUPRÈS DES GROUPES EXTERNES	
LA SATISFACTION DES BAILLEURS DE FONDS **Bénéfice par action** $$\frac{\text{Bénéfice disponible pour les actionnaires ordinaires}}{\text{Nombre moyen pondéré d'actionnaires ordinaires en circulation}}$$ **Ratio du fonds de roulement** $$\frac{\text{Actif à court terme}}{\text{Passif à court terme}}$$ **Ratio d'endettement** $$\frac{\text{Dette à long terme + impôts reportés}}{\text{Dette à long terme + impôts reportés + avoir des actionnaires}} \times 100$$	
LA SATISFACTION DE LA CLIENTÈLE **Fréquence du non-respect du délai de livraison convenu avec la clientèle** $$\frac{\text{Nombre de livraisons qui n'ont pas respecté le délai prévu}}{\text{Nombre total de livraisons}} \times 100$$ **Niveau des ventes** **Degré de fidélité de la clientèle** $$\frac{\text{Nombre de clients de la période actuelle qui étaient du nombre des clients de la période précédente}}{\text{Nombre de clients de la période}} \times 100$$	

INDICATEURS	RÉSULTATS

LA LÉGITIMITÉ DE L'ORGANISATION AUPRÈS DES GROUPES EXTERNES (SUITE)

LA SATISFACTION DES ORGANISMES RÉGULATEURS

Pénalités versées pour infractions

$$\frac{\text{Pénalités versées pour infractions}}{\text{Période couvrant l'exercice financier}}$$

LA SATISFACTION DE LA COMMUNAUTÉ

Nombre d'emplois créés

$$\frac{\text{Nombre d'emplois créés}}{\text{Nombre moyen d'employés}} \times 100$$

Contribution financière à la réalisation d'activités communautaires

Montant versé à différents organismes communautaires, différentes associations ou divers groupes sociaux

Degré de développement des avantages sociaux concernant la famille

Avantages sociaux concernant la famille accordés aux employés autres que ceux prescrits par les lois inhérentes

Disposition des déchets

Mesures prises pour recycler ou disposer des déchets de façon écologique depuis 1990

Annexe 5

Tableau comparatif des indicateurs de performance avec les normes

INDICATEUR	NORMES				
	OBTENU	OBJECTIF	NORME DU SECTEUR	TENDANCE (5 ANS)	VARIABILITÉ
INDICATEURS DE LA PÉRENNITÉ DE L'ORGANISATION					
Qualité des produits/services					
Qualité des produits					
Qualité des services					
Rentabilité financière					
Rendement du capital investi					
Marge de bénéfice net					
Compétitivité					
Niveau des revenus par secteur					
Niveau d'exportation					
INDICATEURS DE L'EFFICIENCE ÉCONOMIQUE					
Économie des ressources					
Rotation des stocks					
Rotation des comptes clients					
Taux de rebuts					
Pourcentage de gaspillage					

INDICATEUR	NORMES			TENDANCE (5 ANS)	VARIABILITÉ
	OBTENU	OBJECTIF	NORME DU SECTEUR		
INDICATEURS DE LA PÉRENNITÉ DE L'ORGANISATION					
Productivité					
Rotation de l'actif total					
Rotation de l'actif immobilisé					
Niveau d'activités/coûts de production					
Niveau d'activités/temps de production					
INDICATEURS DE LA VALEUR DES RESSOURCES HUMAINES					
Mobilisation des employés					
Taux de rotation des employés					
Taux d'absentéisme					
Climat de travail					
Taux de participation aux activités sociales					
Taux de maladie					
Taux d'accidents					
Ratio d'actes déviants					
Nombre de jours perdus à cause d'un arrêt de travail					
Nombre de griefs					

Indicateur	Normes			Tendance (5 ans)	Variabilité
	Obtenu	Objectif	Norme du secteur		
Indicateurs de la valeur des ressources humaines (suite)					
Rendement des employés					
Revenus par employé					
Bénéfice net avant impôt par employé					
Bénéfice net avant impôt par tranche de 100 $ de masse salariale					
Développement des employés					
Excédent du taux de la masse salariale à la formation					
Effort de formation					
Transfert des apprentissages					
Mobilité des employés					
Indicateurs de la légitimité de l'organisation auprès des groupes externes					
Satisfaction des bailleurs de fonds					
Bénéfice par action					
Ratio du fonds de roulement					
Ratio d'endettement					
Satisfaction de la clientèle					

INDICATEUR	NORMES				
	OBTENU	OBJECTIF	NORME DU SECTEUR	TENDANCE (5 ANS)	VARIABILITÉ
INDICATEURS DE LA LÉGITIMITÉ DE L'ORGANISATION AUPRÈS DES GROUPES EXTERNES (SUITE)					
Fréquence du non respect du délai de livraison convenu avec la clientèle					
Niveau des ventes					
Degré de fidélité de la clientèle					
Satisfaction des organismes régulateurs					
Pénalités versées pour infraction					
Satisfaction de la communauté					
Taux d'emplois créés					
Contribution financière à la réalisation d'activités communautaires					
Degré de développement des avantages sociaux concernant la famille					
Disposition des déchets					

Annexe 6 — Tableau synthèse des mesures de la performance organisationnelle[1]

JUGEMENT GÉNÉRAL :	
PÉRENNITÉ DE L'ORGANISATION Jugement global : Jugement Qualité du produit Rentabilité financière Compétitivité	**EFFICIENCE ÉCONOMIQUE** Jugement global : Jugement Économie des ressources Productivité
VALEURS DES RESSOURCES HUMAINES Jugement global : Jugement Mobilisation des employés Climat de travail Rendement des employés Développement des employés	**LÉGITIMITÉ DE L'ORGANISATION AUPRÈS DES GROUPES EXTERNES** Jugement global : Jugement Satisfaction des bailleurs de fonds Satisfaction de la clientèle Satisfaction des organismes régulateurs Satisfaction de la communauté

[1] Directive : Évaluez chaque critère à l'aide des renseignements fournis par les indicateurs de performance sur une échelle en cinq points : 1. très mauvaise, 2. mauvaise, 3. acceptable, 4. bonne et 5. très bonne. Indiquez votre jugement à côté du critère évalué. Puis, évaluez chaque dimension en vous servant des renseignements fournis par les critères sur la même échelle et écrivez votre jugement sous le nom de la dimension évaluée.

Par exemple :

Efficience économique
Jugement global : *acceptable*

jugement
Économie des ressources   *bon*

Évaluez la performance générale de l'entreprise en vous basant sur les évaluations que vous avez faites des quatre dimensions de la performance.

Table des matières

Achevé d'imprimer
en l'an mil neuf cent quatre-vingt-seize
sur les presses des ateliers Guérin
Montréal (Québec)